Die Dauerfestigkeit der Werkstoffe und der Konstruktionselemente.

Elastizität und Festigkeit von Stahl, Stahlguß, Gußeisen, Nichteisenmetall, Stein, Beton, Holz und Glas bei oftmaliger Belastung und Entlastung sowie bei ruhender Belastung.

Von

Otto Graf.

Mit 166 Abbildungen im Text.

Berlin.
Verlag von Julius Springer.
1929.

ISBN-13: 978-3-642-98634-5   e-ISBN-13: 978-3-642-99449-4
DOI: 10.1007/978-3-642-99449-4

Herrn

Ingenieur Dr. P. Ludwik,

Professor an der Technischen Hochschule Wien,

gewidmet.

Vorwort.

Die Kenntnis der Eigenschaften der Werkstoffe im Dienst bildet eine wesentliche Grundlage für das technische Schaffen. Deshalb muß die Übertragung der Erkenntnisse über das Verhalten der Werkstoffe bei oftmaligem Lastwechsel, bei langdauernder Belastung usw. auf die werdenden Ingenieure gepflegt werden. Die Zusammenfassung der Versuchsergebnisse, auch die Beurteilung von Schadenfällen, ist nötig als Grundlage für die weitere Forschung und für die Arbeit des in der Industrie wirkenden Ingenieurs. Der Verfasser hat diese Aufgabe in den letzten zwei Jahrzehnten verfolgen können durch eigene Versuchsarbeiten und durch ausführliche Behandlung der Dauerfestigkeit der Werkstoffe im Unterricht für Studierende des Bauingenieur- und des Maschineningenieurwesens. Die vorliegende Schrift ging vor allem aus den Unterlagen für den Unterricht hervor. Sie enthält ferner bisher nicht bekanntgegebene Feststellungen mit Stahl, Stein, Holz und Glas, auch Angaben über neuere Versuchseinrichtungen. Diese Arbeiten sind durch die Hilfe der Helmholtz-Gesellschaft und der Vereinigung der Freunde der Technischen Hochschule Stuttgart möglich geworden.

Die Darlegungen erstrecken sich vornehmlich auf Beobachtungen, für die eine Verwertung durch die ausführenden Ingenieure erwartet werden kann. Von den Erkenntnissen, welche zunächst nur wissenschaftliche Bedeutung haben dürften, werden kennzeichnende erörtert und diese so gedrängt behandelt, daß die wissenschaftlichen Unterlagen noch zusammenhängend verfolgt sein dürften.

Selbstverständlich ist es schwierig, aus der Fülle der bis jetzt durchgeführten Versuche in dem bezeichneten Rahmen das Wesentliche zu sammeln und zu erörtern; der Verfasser wird deshalb jede Anregung für die spätere Gestaltung des Buchs gerne verfolgen.

Im allgemeinen sei noch folgendes bemerkt.

Die Sicherheitszahl gibt nach der heutigen Gepflogenheit ein Maß des Unterschiedes U der in unsern Rechnungen angewandten zulässigen Anstrengung und einer Festigkeitszahl. Die Festigkeitszahl wird mit dem heute üblichen Abnahmeverfahren unter Verhältnissen ermittelt, die den wirklichen keineswegs nahekommen. Der Unterschied U deckt die Unvollkommenheiten unserer Erkenntnisse über die tatsächlichen Anstrengungen und über die Widerstandsfähigkeit des Materials im Dienst. Statt Sicherheitszahl sollten wir besser Unsicherheitszahl sagen.

In bezug auf die Eigenschaften des Stahls bedeutet die höchstmögliche zulässige Anstrengung im engeren Sinn die Belastung, welche die vorgesehene Benutzung der Maschine oder des Bauwerks eben noch hinreichend lang ermöglicht; sie ist durch Dauerversuche für die wichtigsten Belastungsfälle zu erkunden. Soweit dies bis jetzt geschehen ist, zeigt sich, daß das Verhältnis der Dauerfestigkeit zur Zugfestigkeit oder zur Streckgrenze aus dem heute als Abnahmeversuch allgemein angewandten Zugversuch in weiten Grenzen schwankt. Das Verhältnis der Schwingungsfestigkeit zur Zugfestigkeit beträgt bei Kohlenstoffstählen und bei legierten Stählen rd. 0,35 bis 0,7. Wir sehen hieraus, daß die Basis für die Wahl der zulässigen Anstrengung auch vom Standpunkt des Materialkundigen noch recht lückenhaft ist. Was heute zur Beurteilung des Materials im Dienst herangezogen wird, ist noch ein Notbehelf. Wir werden anzustreben haben, daß an Stelle der heute üblichen Festigkeiten u. a. die Feststellung der Ursprungsfestigkeit und der Schwingungsfestigkeit tritt, festgestellt mit Maschinen, die das Material entsprechend den wirklichen Verhältnissen beanspruchen, und nach einer Behandlung des Materials, die bei Ausführung der zugehörigen Konstruktionselemente stattfindet.

S t u t t g a r t , Ende 1928.

Otto Graf,

a. o. Professor der Technischen Hochschule Stuttgart,
stellv. Vorstand der Materialprüfungsanstalt.

Inhaltsverzeichnis.

A. Die Dauerfestigkeit des Stahls.

I. Einführung.

Die Beurteilung der Widerstandsfähigkeit des Stahls geschieht bis jetzt in erster Linie nach dem Verhalten beim gewöhnlichen Zug-, Druck- oder Biegeversuch. Beim Zugversuch mit Stahl wird u. a. die Streckgrenze σ_s, die Zugfestigkeit K_z (Quotient der Höchstlast und

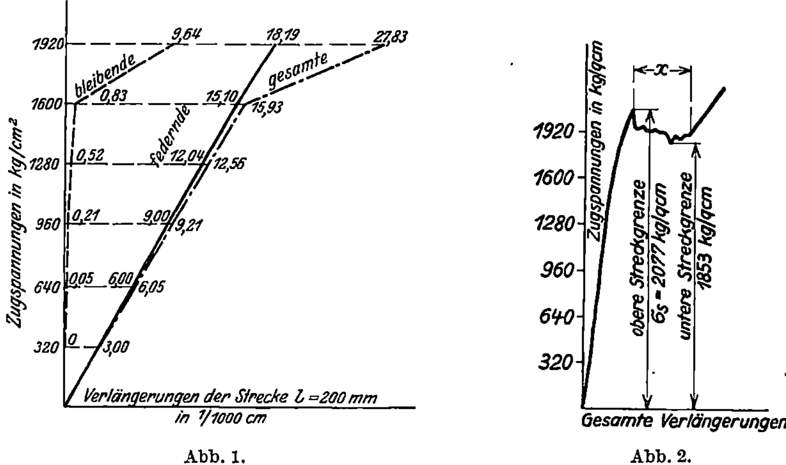

Abb. 1.   Abb. 2.

der Größe des Querschnitts bei Beginn des Versuchs), die Dehnung φ einer bestimmten Strecke bis zum Bruch, ferner die Querschnittsverminderung ψ an der Bruchstelle gemessen. Abb. 1 bis 3 erinnern uns an den Verlauf eines solchen Versuchs. Bei der Abnahme von Stahl und anderen Metallen fordern wir auf Grund der Erkenntnisse, die durch Zugversuche und die aus der Beobachtung des Materials bei der Verarbeitung und im Betrieb entspringen, Mindestwerte für σ_s, K_z, φ und ψ. Gewöhnlicher Stahl liefert dabei das in Abb. 4 ersichtliche Bruchbild. Ähnliche Bilder oder Anfänge solcher begegnen uns bei Gewaltbrüchen an Maschinen, bei einmaligen oder mehreren kurzdauernden bedeutenden Überlastungen von Rohren durch Innendruck, auch von Knotenblechen, in kurze Zeit stark überlasteten Dachbindern usf. Ebenso brachen auch Eiseneinlagen der Eisenbetonbauten, die 1922 in Oppau durch Explosion zerstört worden sind, vgl. in Abb. 5 bei *a* und *b*[1].

Wird ein flußeiserner Träger einmal überlastet, so biegt er sich nach Überschreiten einer gewissen Last bedeutend: wir wissen. daß die

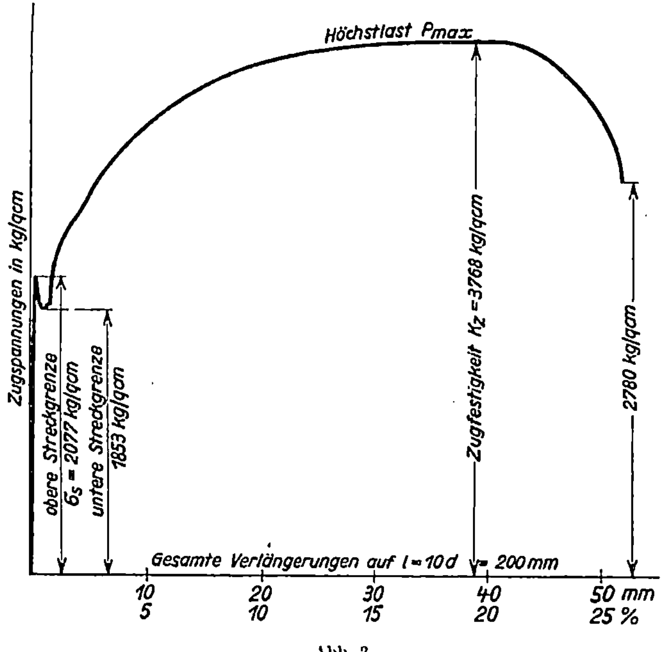

Abb. 3.

starke Zunahme der Einsenkung mit dem Überschreiten der Fließgrenze des Stahls zusammenhängt. Ein Bruch des Trägers erfolgt durch die einmalige Überlastung nicht, sofern das Material ordentliche Beschaffenheit besitzt, also sachgemäße Wärmebehandlung erfahren hat,

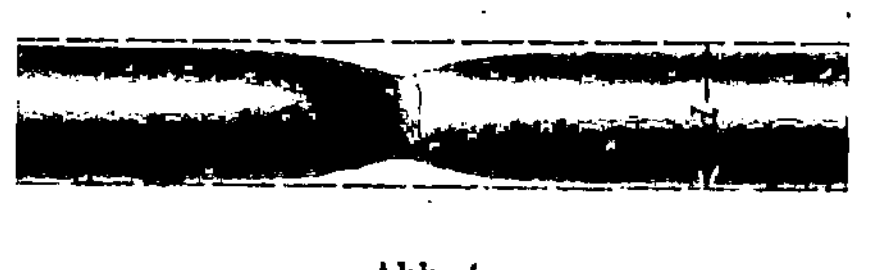

Abb. 4.

grobe Fehler nicht aufweist usw. Wird der Träger nach Wegnahme der Überlastung gerichtet, so ist er in der Regel wieder verwendbar, nötigenfalls nach Ausglühen.

Unterwerfen wir einen Maschinenteil aus Stahl, der beim gewöhnlichen Zugversuch nach bedeutender Dehnung und Querschnittsverminderung bricht, oder beim Biegen bis zum Aufeinanderliegen der Schenkel verformt werden kann, Anstrengungen, die weit unterhalb der

---

[1] Nach Stücken, die mir Herr Oberingenieur Göbel zur Verfügung gestellt hat.

Zugfestigkeit liegen, auch noch deutlich unter der Streckgrenze bleiben, derart, daß diese Anstrengungen als Zug- und Druckanstrengungen wechselnd in rascher Folge oftmals auftreten, so finden wir oft, daß der Maschinenteil nach einiger Zeit bricht und dabei ein Bruchbild liefert, das von dem vorhin beschriebenen ausgeprägt abweicht. Wir sehen in Abb. 6 oben einen Stab[1], der nach oftmaliger Biegeanstrengung brach. Wir erkennen scharfe Bruchränder und keinerlei mit bloßem Auge wahrnehmbare Formänderung des Materials im Eintrittsgebiet des Risses. Wir müssen hier für Material, das wir gewöhnlich als zäh schätzen, einen spröden Bruch feststellen, der besonders augenfällig wirkt beim Vergleich mit dem in Abb. 6 unten dargestellten Teil desselben Stabs, der in üblicher Weise langsam gebogen worden ist, ohne zu brechen.

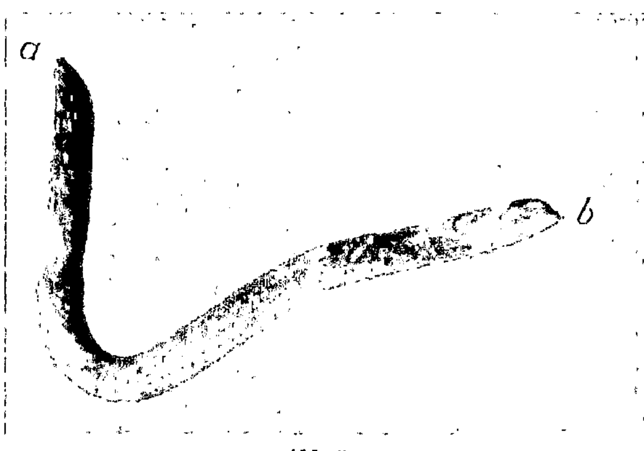

Abb. 5.

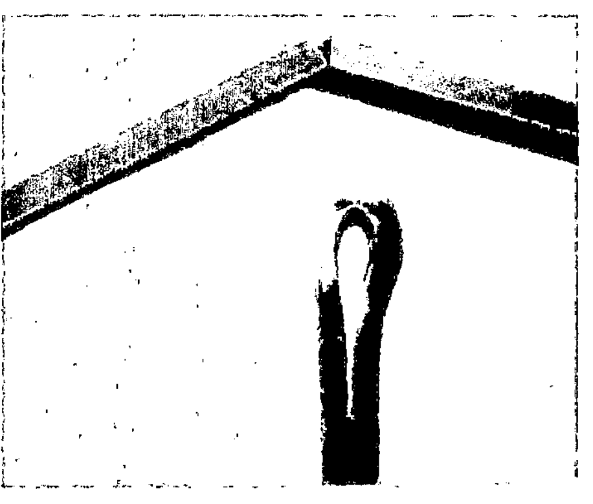
Abb. 6

II. Aus den Versuchen vor Wöhler.

Solche Feststellungen zeigen zunächst, daß die Widerstandsfähigkeit der Werkstoffe im Dienst, also bei oftmals wiederholtem Wechsel der Belastung oder bei langdauernder Belastung, erheblich abweicht von dem Verhalten beim gewöhnlichen Bruchversuch. Diese Erkenntnis ist schon sehr alt. So lesen wir von Oberbergrat Albert[2], daß er 1829 Versuche mit Förderketten aufnahm, um die Widerstandsfähigkeit der

---

[1] Den Stab verdankt der Verfasser Herrn Direktor Kieser, Berlin, vgl. auch Bautechnik 1926, S. 481.

[2] Vgl. Albert: Arch. f. Mineralogie, Geognosie, Bergbau u. Hüttenkunde 1837, S. 215ff., sowie Hoppe: Stahl und Eisen 1896, S. 438ff., sowie S. 496ff.

Ketten im laufenden Betrieb zu erkunden. Er hat dabei den nachteiligen Einfluß der Kaltreckung des Eisens auf die Widerstandsfähigkeit gegen Schlag und im Dienst, der von Stößen begleitet ist, beobachtet, also eine Sache gewürdigt, deren Nichtbeachtung in den letzten Jahrzehnten u. a. im Dampfkesselbau viele Mißerfolge gebracht hat. Fairbairn[1] berichtet 1864 über Versuche mit Gußeisen, die 1837 begonnen haben. Fairbairn entnahm diesen Versuchen, daß Gußeisen unter wiederholter Belastung (durch Biegung nach einer Richtung) und Entlastung standhält, wenn die Beanspruchung nicht über $^1/_3$ der Bruchlast beim gewöhnlichen Biegeversuch steigt. Von besonderem geschichtlichen Interesse ist der Versuch Fairbairns mit einem 22 Fuß langen genieteten Träger[2]. Belastung (Biegung) und Entlastung waren mit Erschütterungen verknüpft, die durch das Aufsetzen und Abnehmen der Last entstanden. Fairbairn entnahm seinen Beobachtungen, daß ein Bruch des Trägers wohl zu befürchten sei, wenn die Anstrengung fortdauernd zwischen $^1/_3$ der Bruchlast und völliger Entlastung schwanke, daß jedoch der Bruch nicht eintrete, wenn die Anstrengung $^1/_4$ der Bruchlast nicht überschreite. Diese Folgerung kann selbstverständlich nur die gewählten Verhältnisse decken; dem Konstrukteur gab sie wertvolle Anregungen.

III. Wöhlers Versuche.

Der eigentliche Begründer des Dauerversuchswesens ist Wöhler. Er begann seine Arbeiten ums Jahr 1858[3]. Ein zusammenfassender Bericht über die Ergebnisse seiner Versuche erschien 1870[4].

Wöhler war Eisenbahningenieur; er hat in erster Linie die zulässigen Anstrengungen für das Material der wichtigsten Teile der Lokomotiven und Wagen erkundet — so wie es eben damals zur Verfügung stand —, und zwar unter Verhältnissen, die eine Übertragung auf die praktischen Verhältnisse zuließen. Hierzu gehörten Einrichtungen für ruhende und oftmals wiederholte Anstrengung durch Verdrehung, Zug, Biegung, letztere bei stets gleicher Lage des Probestabs und bei kontinuierlicher Drehung desselben. Wöhlers Maschinen sind der Grundstock des Prüfmaschinenbaus für Dauerversuche. Es sei deshalb gestattet, zwei dieser Maschinen in Abb. 7 (für Zugversuche) und Abb. 8 (für Biegeversuche) wiederzugeben. Für die Biegemaschine nach

---

[1] Vgl. Philosophical Transactions of the Royal Society of London 1864, S. 311, sowie Moore und Kommers: The Fatigue of Metals, S. 11 u. 12.

[2] Vgl. auch Gough: The Fatigue of Metals, S. 3 bis 5.

[3] Zeitschrift für Bauwesen 1858, Spalte 641 ff.; 1860, Spalte 583 ff.; 1863, Spalte 233 ff.; 1866, Spalte 67 ff.

[4] Zeitschrift für Bauwesen 1870, S. 73 ff.

Abb. 8 hat später Martens die in Abb. 9 dargestellte Anordnung gewählt[1] und damit eine Bauart geschaffen, aus der die Maschinen der

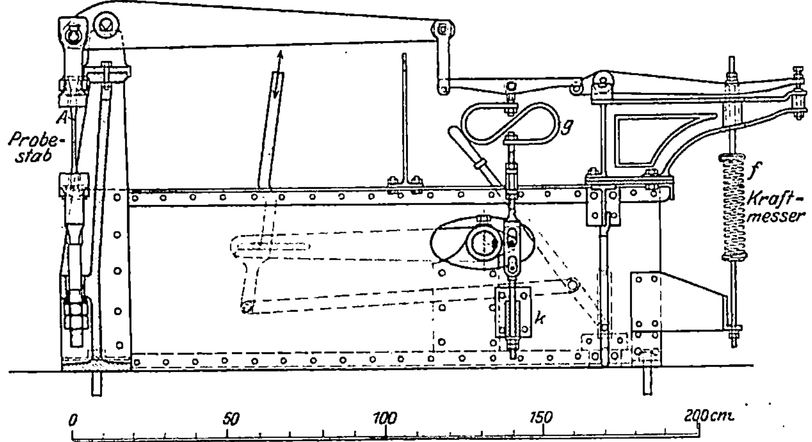

Abb. 7. Wöhlers Maschine zum Zerreißen von Stahl durch oftmals wiederholte Belastung.

neuesten Zeit entwickelt sind, vgl. z. B. Abb. 10, die eine von Moore benutzte Maschine zeigt. Die Maschine, welche bei Carl Schenck in Darmstadt gebaut wird, bildet eine weitere Stufe der Entwicklung

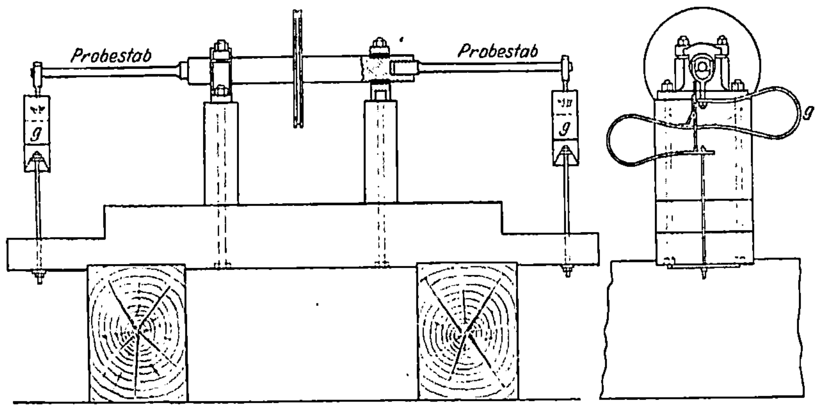

Abb. 8. Wöhlers Maschine zur Prüfung von Stäben, welche unter Biegebelastung fortdauernd
gedreht werden.

der Biegemaschinen. Wir sehen aus diesen Beispielen, wie nachhaltig das Werk Wöhlers schon in bezug auf die Hilfsmittel gewesen ist[2].

---

[1] Martens: Materialienkunde, S. 226.

[2] Über die Dauerprüfmaschinen, die auf der Werkstoffschau Berlin 1927 gezeigt worden sind, haben Deutsch und Fiek in der Zeitschrift des Vereines Deutscher Ingenieure 1928, S. 1760ff. berichtet.

Für den Konstrukteur des Maschinenbaus wie des Bauwesens waren
die Ergebnisse der Versuche Wöhlers von weittragender Bedeutung;
sie brachten außerordentlich wichtige Aufschlüsse für die Wahl der zulässigen Anstrengung, den Maschineningenieuren durch die Darstellung geläufig, die Bach in seinem Buch „Die Maschinenelemente" gegeben hat, für die Bauingenieure von Gerber, Tetmayer u. a. vermittelt.

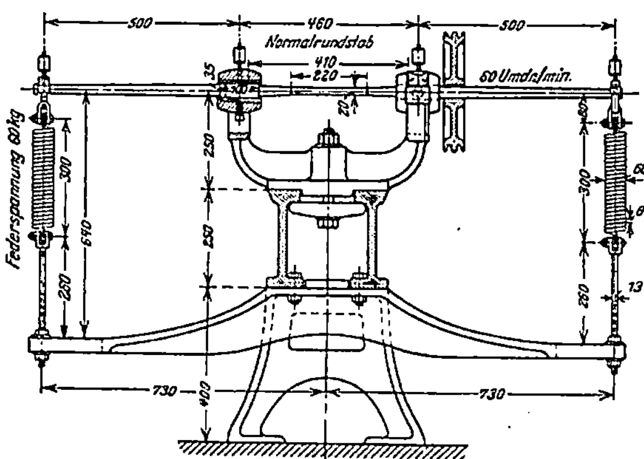

Abb. 9. Maschine zur Ermittlung der Schwingungsfestigkeit nach Martens.

Wöhler suchte die zulässige Beanspruchung durch Prüfung des
Materials bei verschieden hohen Beanspruchungen, derart, daß die Zahl

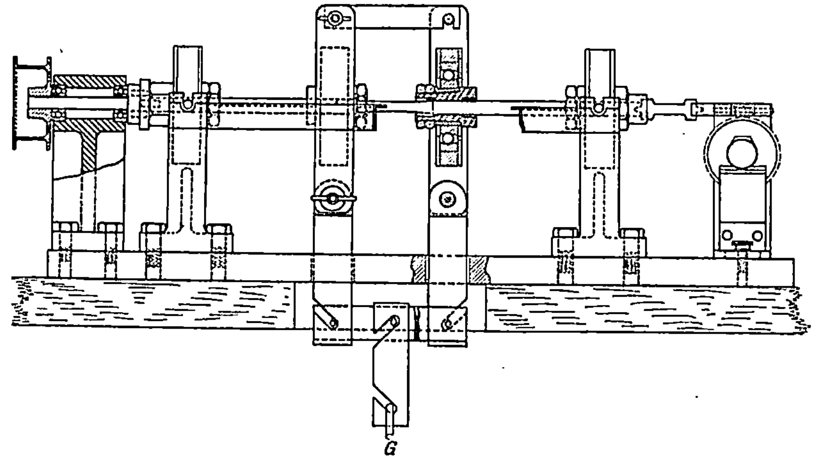

Abb. 10. Maschine zur Ermittlung der Schwingungsfestigkeit (Farmer-Type).

der Belastungen ermittelt wurde, bei der ein Bruch eintrat. Z. B.
fanden sich für Federstahl die in Zusammenstellung 1 eingetragenen
Zahlen (s. oben S. 7).

Die Last, welche nach vielen Belastungen und Entlastungen, hier
nach 36,5 bis 40,6 Millionen Biegungen, noch getragen wurde, konnte

---

[1] Vgl. Moore und Kommers, The Fatigue of Metals, S. 95.

Zusammenstellung 1. Versuche von Wöhler.

Belastung σ_{max} kg/cm²	Anzahl der Biegungen bis zum Bruch
	a) gehärtet
8030	54600
5840	339150
5110	455700
5110	268900
4380	nach 36500000 Biegungen noch im Betriebe
	b) ungehärtet
7300	39950
5840	117000
4380	468200
3650	nach 40600000 Biegungen noch im Betriebe

als Dauerfestigkeit und damit als größte zulässige Anstrengung bei der zugehörigen Beanspruchungsart bezeichnet werden.

Wöhler entnahm seinen Versuchen folgende Gesetzmäßigkeiten[1]: „Der Bruch des Materials läßt sich auch durch vielfach wiederholte Schwingungen, von denen keine die absolute Bruchgrenze erreicht, herbeiführen. Die Differenzen der Spannungen, welche die Schwingungen eingrenzen, sind dabei für die Zerstörung des Zusammenhangs maßgebend. — Die absolute Größe der Grenzspannungen ist nur insoweit von Einfluß, als mit wachsender Spannung die Differenzen, welche den Bruch herbeiführen, sich verringern.“ Diese Gesetzmäßigkeiten, die auch heute noch in der allgemeinen Fassung gelten, hat Wöhler mit den folgenden Versuchsergebnissen, die zu Achsenstahl mit 3250 kg/cm² Zugfestigkeit gehören, sehr einfach erläutert. Wöhler sagte[2]: „Es können bei Inanspruchnahme auf Biegungs- oder auf Zugfestigkeit mit gleicher Sicherheit gegen Bruch Schwingungen stattfinden in den Grenzen

zwischen $+ 1170$ und $- 1170$ kg/cm²,
„ $+ 2190$ „ 0 „ ,
„ $+ 3220$ „ 1750 „ .

Diese Zahlenreihe gibt eine Steigerung der Grenzwerte von 1170 auf 2190 auf 3220 kg/cm² etwa den Verhältniszahlen $1:2:3$ entsprechend. Diese Stufen sind bis in die neueste Zeit als Verhältnismaß der zulässigen Anstrengungen für wiederholte Dehnung nach entgegengesetzten Richtungen, für wiederholte Dehnung nach einer Richtung und für ruhende Belastung benutzt worden. Nach den heute vorliegenden Erkennt-

---

[1] Zeitschrift für Bauwesen 1870, Spalte 83 ff.

[2] Die Zahlenwerte sind selbstverständlich für die heutigen Maße nachträglich berechnet.

nissen sind die Verhältniszahlen zu hoch gestaffelt, weil — wie wir
später verfolgen werden — die obere Grenze von 3220 kg/cm² für den
geprüften Stahl zu hoch liegt, durch den Umstand, daß die Fließgrenze
des Materials, für das als Zugfestigkeit 3250 kg/cm² angegeben sind,
wesentlich tiefer als 3220 kg/cm² liegen mußte und weil die obere An-
strengungsgrenze des Materials unter praktischen Verhältnissen wegen
der Formänderungen nicht über die Streckgrenze hinausgehen soll
(vgl. auch S. 1).

IV. Die neueren Versuche über die Größe der Schwingungsfestigkeit des Stahls im Vergleich mit der Streckgrenze und Zugfestigkeit des Stahls beim gewöhnlichen Zugversuch. Einfluß der Oberflächenbeschaffenheit der Proben.

Nach Wöhler sind viele Dauerversuche unternommen worden, vornehmlich von deutschen, englischen und amerikanischen Forschern.
Viele wertvolle Aufschlüsse über das Verhalten der Werkstoffe im
Dienst stehen uns jetzt zur Verfügung; die Einrichtungen zur Feststellung des Widerstands bei oftmaliger Belastung und Entlastung sind so
weit entwickelt, daß neue Werkstoffe für manche wichtige Konstruktion
vor ihrer Anwendung in wenigen Tagen auf ihr Verhalten bei oftmaliger
Belastung und Entlastung geprüft werden können. Allerdings sind auch
große Lücken in unseren Erkenntnissen zu verzeichnen. Es sei ver-
sucht, den heutigen Stand der Erkenntnisse kurz darzustellen. Dabei
ist selbstverständlich Beschränkung auf das Wichtigste geboten. Es ist
auch eine Zusammenfassung mit Rücksicht auf die besonderen Bedürf-
nisse des Konstrukteurs nötig. Dazu werden zunächst die Aufschlüsse
über die Festigkeitswerte gesammelt. Hieran schließen sich Betrach-
tungen über das Bruchaussehen und schließlich über die Vorgänge,
welche dem Bruch vorausgehen.

Bei der Ermittlung der Dauerfestigkeit war zunächst zu erkunden,
wieviel Belastungen und Entlastungen nötig sind, um zu
erfahren, ob der Stab bei Fortsetzung der gewählten Beanspruchung nicht bricht.

Der S. 7 wiedergegebenen Tabelle war bereits zu entnehmen, daß
die Zahl der Belastungen und Entlastungen, welche einen Bruch herbei-
führt, noch sehr groß sein kann, dort bis 468000. Durch andere Versuche Wöhlers und der späteren Forscher wurde festgestellt, daß die
Zahl der Wiederholungen noch weit größer zu wählen ist, wenn Brüche
nicht eintreten sollen.

Moore mit Kommers und Jasper, die dieser Aufgabe viele Biegeversuche mit umlaufenden Stäben gewidmet haben, fanden, daß die
Last, welche während einer bestimmten Zahl von Wiederholungen getragen wird, gemäß Abb. 11, gültig für Stähle von 0,02 bis 1,2% C,

zunächst mit der Zahl der Lastwechsel rasch abnimmt, daß jedoch diese
Abnahme der Tragkraft nach Ausführung von etwa 10 Millionen Lastwechseln, oft auch schon nach weniger Lastwechseln, in der Regel nur
noch unbedeutend ist oder überhaupt nicht mehr auftritt. Die genannten Forscher haben diese Auffassung besonders unter Bezugnahme auf

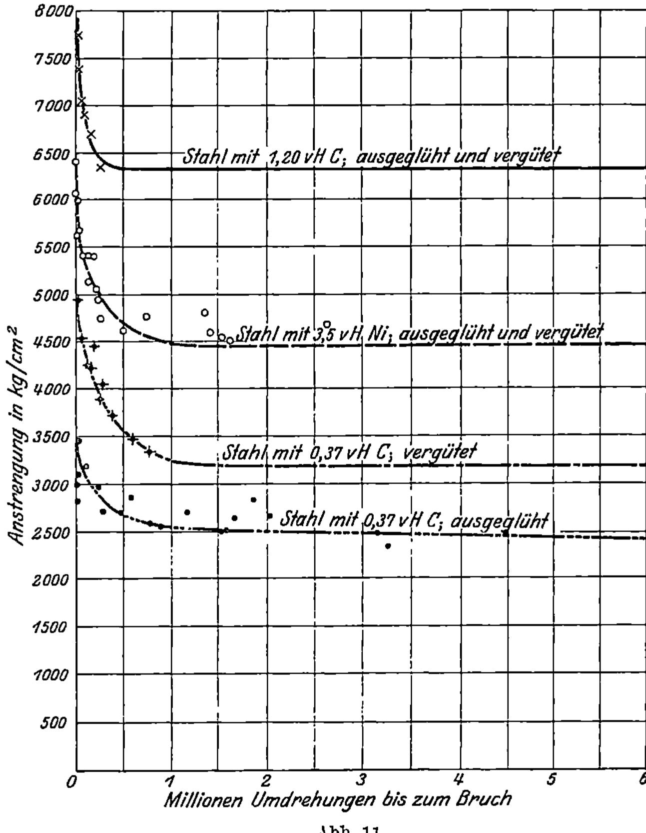

Abb. 11.

Darstellungen nach Abb. 12 vertreten. In dieser Darstellung sind die
Abszissen und die Ordinaten logarithmisch geteilt. Damit entsteht eine
Ordnung der Versuchspunkte, die zunächst rasches Sinken mit der Zahl
der Lastwechsel angibt, dann aber — ausgeprägter als Abb. 11 — erkennen läßt, daß eine praktisch erhebliche Änderung der Widerstandsfähigkeit bei Stahl in der Regel nicht mehr zu erwarten ist, wenn etwa
10 Millionen Lastwechsel stattgefunden haben[1]. Von dieser Feststellung

---

[1] Moore und Kommers: The Fatigue of Metals, S. 127. — Stahlguß, Gußeisen und die Nichteisenmetalle erfordern längere Beobachtung, auch der Stahl,
wenn die Beanspruchung unter hoher Temperatur stattfindet.

wird zur Zeit an vielen Versuchsstellen Gebrauch gemacht, derart, daß die Belastung, die 10^7 mal ertragen wird, ohne den Bruch der Probe herbeizuführen, als die Dauerfestigkeit angesehen wird.

Dieses Ergebnis hat auch Bedeutung für die Untersuchung von Schadenfällen. Z. B. ist der genannten Feststellung zu entnehmen, daß, solange 10 Millionen Lastwechsel (je bis zur vorgesehenen Höchstbeanspruchung schwingend) nicht zurückgelegt sind, noch ein Bruch infolge stets wiederkehrender Überanstrengung erwartet werden kann, auch wenn eine unvorhergesehene, also besondere Überlastung nicht stattfindet. Brüche, die mehrere Jahre nach Ingangsetzung einer Maschine auftreten, in bezug auf das Aussehen den kennzeichnenden, später näher zu beschreibenden spröden Bruch aufweisen, würden hiernach noch auf fortdauernde Überlastung zurückzuführen sein, wenn andere Gründe fehlen.

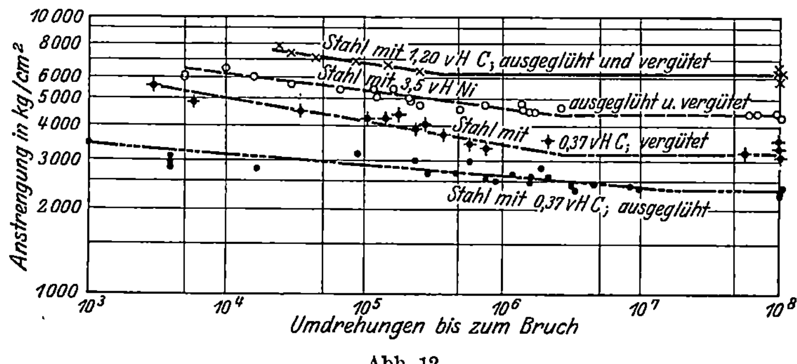

Abb. 12.

Bei Beurteilung dieser Feststellungen muß selbstverständlich beachtet werden, daß es sich hier um Biegeversuche mit rasch umlaufenden Stäben handelt, die eine gleichbleibende Last trugen. Ob dabei die minutliche Umlaufzahl Einfluß nimmt, ist noch nicht zuverlässig bekannt; bei Umdrehungszahlen von 200 bis 5000 in der Minute scheint er unerheblich zu sein[1]. In Schenckschen Zug-Druck-Maschinen, die rd. 30000 Wechsel minutlich ausführen, fand Lehr höhere Schwingungsfestigkeiten als bei Biegeversuchen mit minutlich 3000 Wechseln[2].

McAdam zeigte bei Versuchen mit Stahl, Monelmetall usf.[3], daß der Einfluß der Zahl der minutlichen Lastwechsel bei Belastungen, die weniger als 10^4 mal ertragen werden, deutlich hervortritt, und zwar wegen der bei Überlastung auftretenden Temperaturerhöhung. Dauerversuche werden deshalb mit fortdauernder Ölkühlung des Probestabs ausgeführt.

---

[1] Moore und Kommers: The Fatigue of Metals, S. 151.

[2] Vgl. auch Geller, Archiv für das Eisenhüttenwesen 1928, S. 257 ff.

[3] Proceedings of the American Society for Testing Materials 1926, Vol. 26, II, S. 224 ff.

Die Frage, ob die Schwingungsfestigkeit bei Biegeversuchen (D_{sb}) größer ausfalle als bei direkter Belastung [Zug und Druck (D_{szd})], ist von Irwin verfolgt worden[1]. Er fand das Verhältnis $D_{szd} : D_{sb}$ zu 0,95 bis 1,10, im Mittel zu 1,02. Verwendet wurden dabei 2 Kohlenstoffstähle, 2 Chrom-Nickel-Stähle, geschmiedete Manganbronze, Kupfer, Nickel und Monelmetall.

Aus den Versuchen, die nach dem Gesagten für bestimmte Belastungsfälle über die Dauerfestigkeit Aufschluß geben, seien zu-

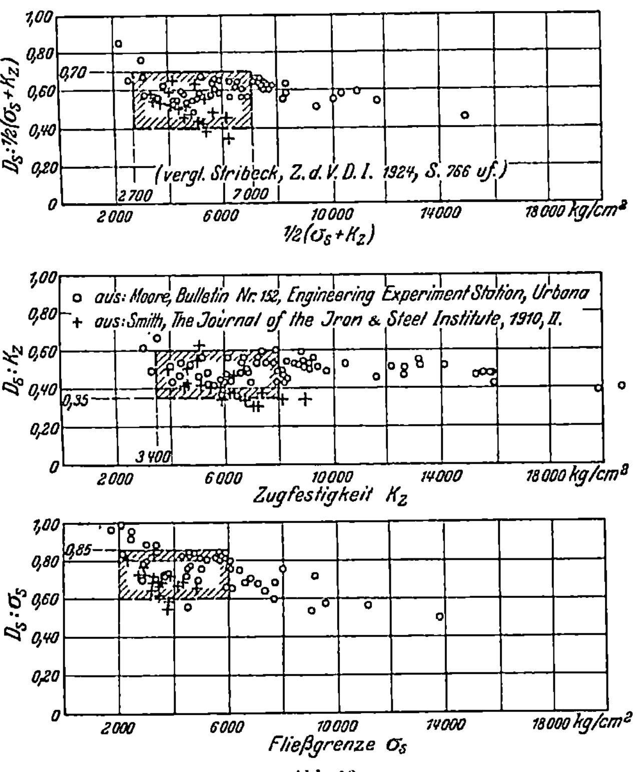

Abb. 13.

nächst die Ergebnisse besprochen, welche die Festigkeit lieferten, die bei wiederholten Dehnungen nach zwei Richtungen mit Maschinen nach Art der Abb. 8 bis 10 gewonnen sind. Diese Festigkeit — kurz Schwingungsfestigkeit D_s genannt, da die Anstrengung des Materials zwischen gleichgroßen Zug- und Druckanstrengungen schwingt — ist für den Konstrukteur von besonderer Bedeutung, weil sie — wie wir von Wöhler wissen — den ungünstigsten Belastungsfall trifft. Die mir bis 1926 bekanntgewordenen Zahlenwerte der Schwingungsfestig-

---

[1] Proceedings of the American Society for Testing Materials 1925, Vol. 25, II, S. 53ff.; ferner 1926, Vol. 26, II, S. 218ff.

keit D_s sind in Abb. 13 eingetragen, und zwar in Beziehung zu den Daten des gewöhnlichen Zugversuchs, da dieser uns als erfahrungsmäßige Probe geläufig ist und weil der gewöhnliche Zugversuch als Abnahmeversuch zur Zeit noch nicht entbehrt werden kann. Abb. 13 zeigt zunächst unten, daß die Schwingungsfestigkeit zum 0,5 bis 1fachen der Streckgrenze σ_s ermittelt wurde, in der wichtigsten Gruppe ($\sigma_s = 2000$ bis $\sigma_s = 6000$ kg/cm²) vorwiegend zum 0,6- bis 0,85fachen von σ_s. In der Mitte der Abb. 13 finden wir, daß D_s das 0,3- bis 0,7fache der Zugfestigkeit K_z, in der Regel das 0,35- bis 0,6fache von K_z betrug. — Damit sehen wir, daß das Verhältnis der Schwingungsfestigkeit zur Streckgrenze und Zugfestigkeit in weiten Grenzen schwankt. Als Wichtigstes wird Abb. 13 zunächst zu entnehmen sein, daß die Schwingungsfestigkeit in der Regel mindestens zu $^6/_{10}$ der Streckgrenze und mindestens $^1/_3$ der Zugfestigkeit gefunden wurde. Damit waren wichtige Erkenntnisse für das Höchstmaß der zulässigen Beanspruchung gewonnen, insoweit es sich um Schwingungen zwischen gleichgroßen Zug- und Druckanstrengungen bei Biegungsbelastung handelt.

Die große Streuung der Verhältniszahlen und der Umstand, daß die Zahl der bisherigen Proben noch als nicht bedeutend gelten kann, mußten Veranlassung zu weiteren Versuchen sein. Aus den bis Mitte 1928 bekanntgewordenen Versuchen über die Schwingungsfestigkeit des Stahls bei Biegung sind die von Moore und Kommers[1], sowie die von Lehr[2] zusammengestellten, ferner Stuttgarter Versuche in Abb. 14 und 15 wiedergegeben. Abb. 15 enthält außerdem Versuche von Gillett und Mack[3].

Abb. 14 gilt für Kohlenstoffstähle. Hier ist $D_s : \sigma_s =$ rd. 0,5 bis 1, meist 0,6 bis 0,9; $D_s : K_z$ betrug 0,3 bis 0,7, vorwiegend 0,4 bis 0,6. Beachtlich ist, daß $D_s : \sigma_s$ mit Zunahme von σ_s abzunehmen scheint[4], während $D_s : K_z$ bei Stählen hoher Festigkeit nicht ausgeprägt kleiner ausfiel als bei gewöhnlichen Maschinenstählen.

Abb. 15 gilt für legierte Stähle. $D_s : \sigma_s$ beträgt hier 0,4 bis rd. 1 und sinkt im allgemeinen mit σ_s. $D_s : K_z$ liegt meist zwischen 0,4 und 0,6. Die Streuung der Einzelwerte erscheint in Abb. 14 und 15 nicht ausgeprägt verschieden; eine vergleichende Bewertung der beiden Stahlgruppen dürfte aber damit noch nicht angezeigt sein.

Hervorgehoben sei, daß unter dem geprüften Material auch gehärtete und angelassene Stähle waren. Allerdings ist die Zahl der Ver-

---

[1] Moore und Kommers: The Fatigue of Metals, S. 127ff.

[2] Lehr: Das Abkürzungsverfahren zur Ermittlung der Schwingungsfestigkeit, 1925.

[3] Proceedings of the American Society for Testing Materials 1924, Bd. 24 II, S. 476 ff.

[4] Hier ist zu beachten, daß die Feststellung der Streckgrenze, namentlich wenn diese nicht ausgeprägt auftritt, an verschiedenen Orten in verschiedener Weise ermittelt wird.

suche mit gehärtetem Stahl noch klein[1]. Auch dürfte hier wesentlich sein, daß bei gehärteten Stücken von dem Verhalten der kleinen Probe-

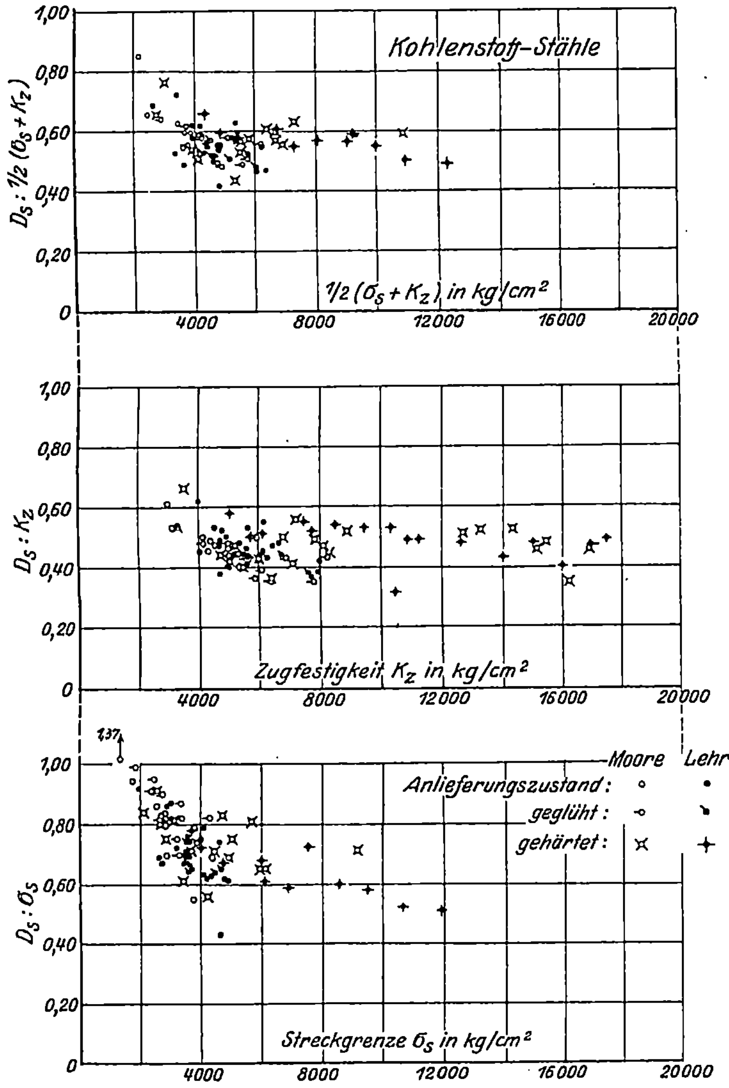

Abb. 14. Schwingungsfestigkeit von Kohlenstoffstählen.

körper — sie hatten 7,6 mm Durchmesser — auf die Widerstandsfestigkeit großer Stücke nicht geschlossen werden kann.

---

[1] Vgl. später unter XX, S. 63 ff.

Im ganzen zeigen die Abb. 13 bis 15[1], daß die Verhältniszahl der Schwingungsfestigkeit D_s zur Streckgrenze σ_s mehr veränderlich war als die Verhältniszahl von D_s zur Zugfestigkeit. Ob deshalb in erster Linie $D_s : K_z$ zu verfolgen ist, muß dahingestellt bleiben. $D_s : K_z$ darf zu mindestens $^1/_3$ eingesetzt werden. Bei schwingender Beanspruchung könnte hiernach die zulässige Anstrengung des Materials zu $^1/_3$ der Zugfestigkeit, in vielen Fällen — nur nach genügender Erkundung von D_s — noch höher eingeführt werden. Für Wellen aus Stahl mit $K_z = $ 6000 kg/cm² würde die zulässige Anstrengung somit zu 2000 kg/cm², eventuell noch höher zu wählen sein. Die heute üblichen zulässigen Anstrengungen sind in solchen Fällen verhältnismäßig kleiner. Es tritt deshalb die Frage auf, ob die zulässige Anstrengung erhöht werden kann.

Dazu sei hier hervorgehoben, daß die Probekörper, an denen bisher die Schwingungsfestigkeit ermittelt wurde, sehr klein waren, in der Regel 6 bis 10 mm Durchmesser besaßen, ferner in vielen Fällen nur in einer flachen Ausrundung den maßgebenden Querschnitt aufwiesen, auch bei den neuesten Versuchen prismatische Prüflängen von nur rd. 8 cm hatten. Die kleinen Proben stammten überdies in der Regel aus dem Kern von größeren Stäben; das Kernmaterial liefert beim Zugversuch meist etwas höhere Festigkeit als das Randmaterial. Bei großen Stücken wird die Festigkeit wahrscheinlich etwas kleiner sein als bei kleinen; der Grad der Abminderung ist noch nicht bekannt. Wir müssen uns deshalb mit der Erhöhung der zulässigen Anstrengungen beschränken und an den bisher vorliegenden Versuchsergebnissen vorläufig vor allem den Vergleichswert schätzen.

Weiterhin ist wichtig, daß die Versuche der neueren Zeit stets mit besonders sorgfältig bearbeiteten Proben (Oberfläche fein geschliffen und poliert) ausgeführt wurden. Diesen Grad der Oberflächenbehandlung kann der Betriebsingenieur heute gewährleisten. Die hochwertige Bearbeitung ist aber aus wirtschaftlichen Ursachen nicht allgemein durchführbar, weshalb der Konstrukteur wissen muß, inwieweit die Oberflächenbeschaffenheit der Maschinenteile die Ausnutzung der Schwingungsfestigkeit des Stahls hindert. Moore und Kommers fanden, daß roh gedrehte Stäbe 12 bis etwa 18% weniger trugen als gut polierte[2]. Thomas fand den Unterschied bis rd. 20%,

---

[1] Über weitere Versuche, die über die Schwingungsfestigkeit des Stahls, ermittelt mit dem umlaufenden Biegestab, Auskunft geben, vgl. u. a. Freeman, Dowdell und Berry: Technologic Paper 363 des Bureau of Standards, 1928 (Versuche mit Schienenstahl).

[2] Bulletin 124, Engineering Experiment Station, University of Illinois 1921, S. 108.

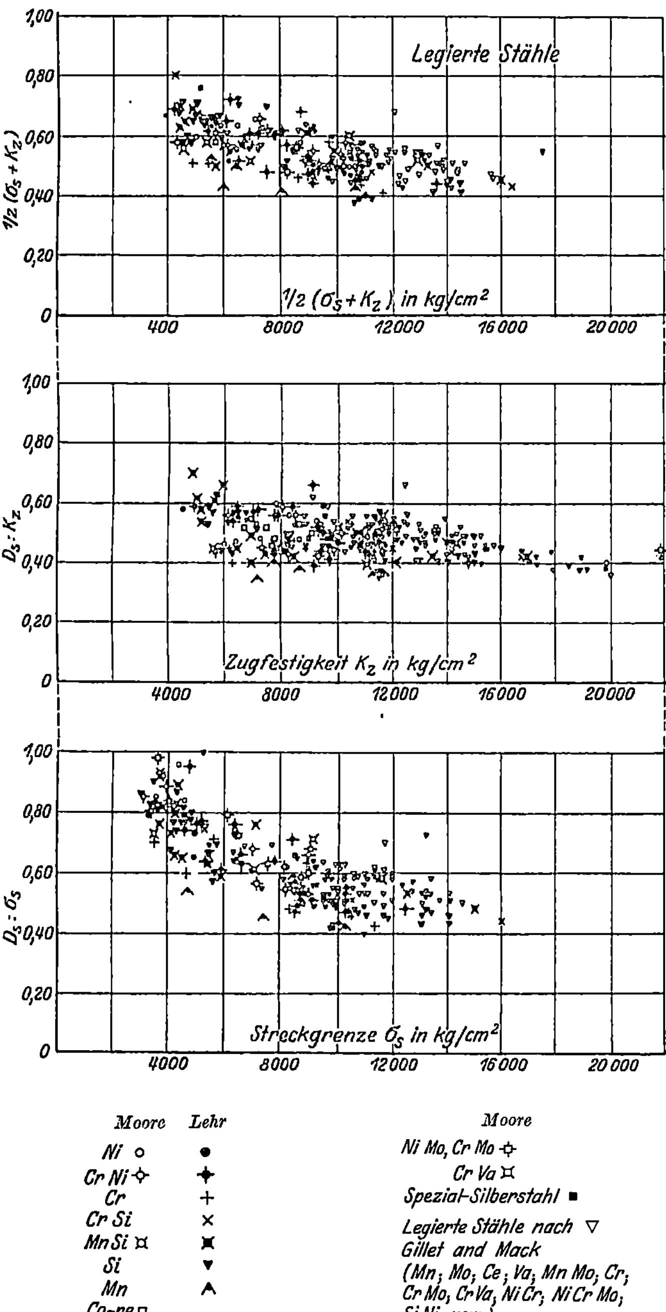

Abb. 15. Schwingungsfestigkeit legierter Stähle (Si-Stähle, Chrom-Stähle usw.)

wenn Bearbeitung mit grober Feile stattgefunden hatte; bei ordent-
licher Bearbeitung blieben die Unterschiede unter etwa 12%, nach
Bearbeitung mit Schmirgelleinwand betrugen sie noch 6% und weniger[1].

Lehr zeigte, daß die Oberflächenempfindlichkeit bei gewöhnlichen geglühten Kohlenstoffstählen gering ist, daß sie aber — wie zu
erwarten war — bei gehärteten
Kohlenstoffstählen recht erheblich
werden kann, ferner bei Chrom-
nickelstählen und Siliziumstählen

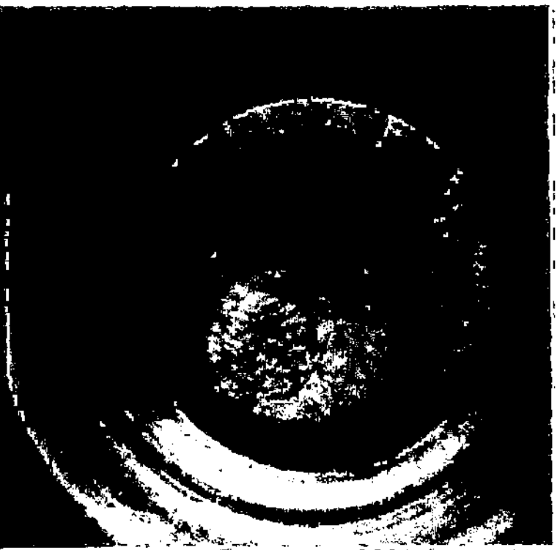

Abb. 17. Bruchfläche zu dem in Abb. 16
dargestellten Stück.

Abb. 16.

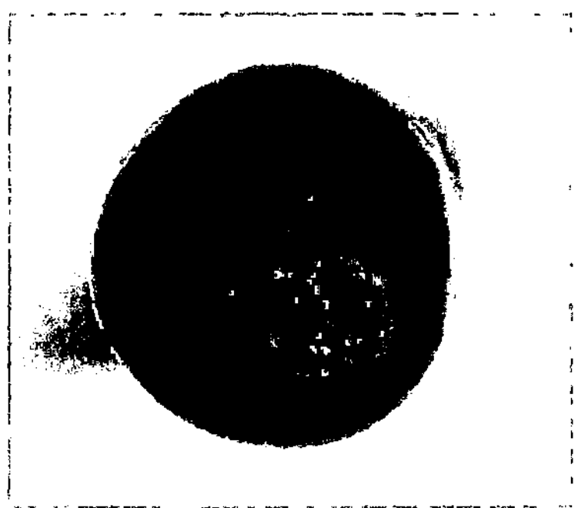

Abb. 18. Bruchfläche zu dem in Abb. 16
dargestellten Stück.

nicht außeracht gelassen werden darf, so daß zur Zeit die Sonderstähle
einer besonderen Prüfung bedürfen[2].

Mailänder[3] hat den Einfluß der Oberflächenbeschaffenheit bei
Stählen hoher Festigkeit ebenfalls als sehr wichtig nachgewiesen. Er
fand für Stäbe, die

---

[1] Engineering 1923, II, S. 449ff. Schwingungsfestigkeit des verwendeten
Stahls 18,3 t/sq. inch. Durchmesser der Probestäbe rd. 11 mm.

[2] Vgl. später S. 68ff. unter XXII.

[3] Z. f. Metallkunde 1928, S. 87.

<table>
<tr><td></td><td></td><td></td><td></td><td></td><td>kurz poliert</td><td>lang poliert waren,</td></tr>
<tr><td>für Stahl mit</td><td>$K_z =$</td><td>66 kg/mm²</td><td>$D_s = 31$</td><td></td><td>32 kg/mm²,</td><td></td></tr>
<tr><td>„　　„　　„</td><td>$K_z =$</td><td>85　　„</td><td>$D_s = 46$</td><td></td><td>51　　„　　,</td><td></td></tr>
<tr><td>„　　„　　„</td><td>$K_z =$</td><td>107　　„</td><td>$D_s = 50$</td><td></td><td>60　　„　　.</td><td></td></tr>
</table>

Zur Erläuterung sei in Abb. 16 das Halsstück eines Preßluftwerkzeugs wiedergegeben, das am Ansatz versehentlich roh bearbeitet war. Nach kurzer Zeit brach das Stück gemäß Abb. 17 und 18. Durch sachgemäße Nacharbeit wurde die Widerstandsfähigkeit erhöht. Die Ausnutzung der Werkstoffe auf Grund der vorliegenden Erkenntnisse hat somit hochwertige Werkstattarbeit zur Voraussetzung. Weiter müssen wir nach dem Gesagten erwarten, daß Oberflächenverletzungen im Dienst, sei es durch mechanische Einwirkungen, sei es durch chemische Angriffe, die Widerstandsfähigkeit anfänglich zuverlässig bearbeiteter Stücke verringern[1]. Dazu zeigt Abb. 19 ein Beispiel, die Bruchfläche einer Feder darstellend, die in gespanntem Zustand chemischen Angriffen ausgesetzt war und — von einer ursprünglich rauhen Stelle bei a ausgehend — unter Anstrengungen brach, die unter gewöhnlichen Verhältnissen als unbedenklich gelten.

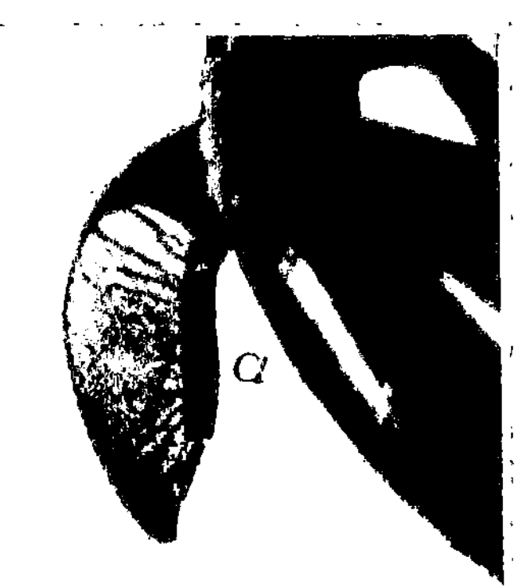

Abb. 19.

Der geschilderte Einfluß der Oberflächenbeschaffenheit führt auch zu der dem Bauingenieur wichtigen Frage, inwieweit die Walzhaut die Schwingungsfestigkeit des Stahls beeinflusse. Hierzu wissen wir noch nichts; Versuche, die zur Klarstellung beitragen sollen, habe ich erst in jüngster Zeit vorbereiten können.

Der Einfluß der Oberflächenbeschaffenheit der Werkstoffe ist für die Beurteilung ihrer Geeignetheit zu Konstruktionen von großer Bedeutung, wie uns die oben wiedergegebenen Beobachtungen dartun. Damit tritt die Empfindlichkeit der Werkstoffe gegen örtliche hohe Beanspruchung in Erscheinung (sog. Kerbempfindlichkeit)[2]. Wertvoll sind Werkstoffe, die örtlich engbegrenzte hohe Anstrengungen auch bei oftmaligem Lastwechsel durch bleibende Formänderungen bedeu-

---

[1] Vgl. auch Timoshenko und Lessels (Deutsch von Malkin): Festigkeitslehre, S. 340; ferner die im vorliegenden Buch S. 45 ff. mitgeteilten Beobachtungen.

[2] Während der Drucklegung erschienen in der Metallwirtschaft 1929, S. 1 ff., wertvolle Mitteilungen über die Kerbempfindlichkeit von Metallen von Ludwik und Scheu, in Nr. 2 bis 4 derselben Zeitschrift Untersuchungen von Zander.

tend mildern. Zur Feststellung dieser Eigenschaft werden zur Zeit meist gekerbte Rundstäbe unter Biegebelastung geprüft.

V. Widerstandsfähigkeit des Stahls bei oftmals wiederkehrender Anstrengung, die vorwiegend oder nur nach einer Richtung ausgeübt wird, ferner bei ruhender Belastung. Bedeutung der Art der Lastwechsel auf die Dauerfestigkeit und auf die verhältnismäßige Größe der zulässigen Anstrengung.

Wöhler entnahm seinen Versuchen, daß die Differenzen der Spannungen, welche die Schwingungen eingrenzen, für die Zerstörung maß-

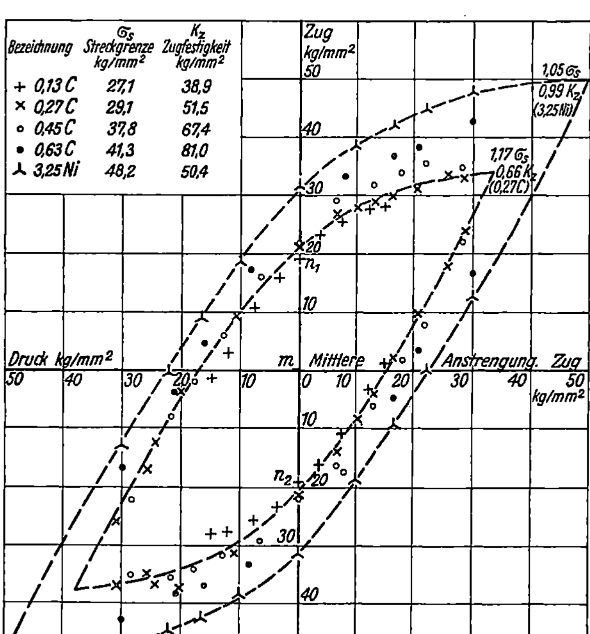

Abb. 20.

gebend sind. Die Tragkraft eines Stabs ist demgemäß am kleinsten, wenn die Anstrengung zwischen gleichgroßen Zug- und Druckspannungen wechselt; die zulässige Last kann größer gewählt werden, wenn die schwingende Anstrengung nur nach einer Richtung geht, und noch größer, wenn die Belastung ruhig wirkt.

Der Einfluß der Größe der Belastungsintervalle auf die Dauerfestigkeit des Stahls ist von Smith[1] ausführlich verfolgt worden; Abb. 20 gibt über wichtige Ergebnisse Auskunft. In dieser Abbildung sind zu jedem Versuch die Grenzen der Schwingung, die oftmals ertragen wurde, durch zwei Punkte als senkrechte Ordinaten vermerkt, wobei als Abszisse die mittlere Anstrengung, d. i. das arithmetische Mittel der Grenzspannungen abgetragen wurde. Z. B. betrug die Schwingungsfestigkeit für den Stahl mit 0,27% C 21,1 kg/mm², der mittleren Anstrengung Null entsprechend in Abb. 20 auf der senkrechten Achse nach oben als 21,1 kg/mm² Zugbelastung und ebenso nach unten als Druckbelastung als schrägliegendes Kreuz eingezeichnet, insgesamt die Schwingung $2D_s$ ergebend. Wenn die Belastung von einer geringen Anfangslast ausgehend nach einer Richtung als Zugbelastung wechselte, so konnten 29,6 kg/mm² getragen werden, damit nach Abb. 21 die Schwingung D_u liefernd. Diese Festigkeit wird nach Abb. 21 Ursprungsfestigkeit genannt. Kleinere Schwingungen führten zu höheren Festigkeiten.

In Abb. 20 sind die Versuchswerte eines Kohlenstoffstahls und die Werte eines Nickelstahls durch gestrichelte Linienzüge verbunden. Die Spitzen der Schleifen bezeichnen die Anstrengung, welche als ruhender Zug (rechts oben) und ruhender Zug (links unten) auftreten darf,

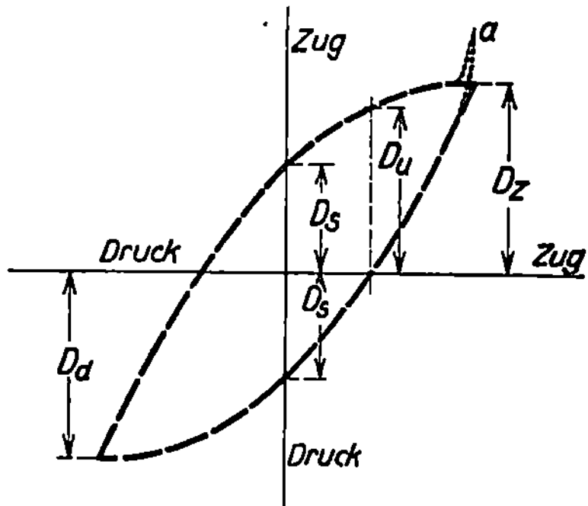

Abb. 21.

D_s = Schwingungsfestigkeit (Schwingung um die mittlere Anstrengung Null; Dehnung nach zwei Richtungen).
D_u = Ursprungsfestigkeit (Schwingung einseitig von der Anstrengung Null begrenzt; Dehnung nach einer Richtung).
D_z = Dauerfestigkeit bei ruhender Zugbelastung.
D_d = Dauerfestigkeit bei ruhender Druckbelastung.

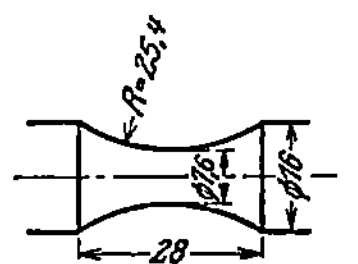

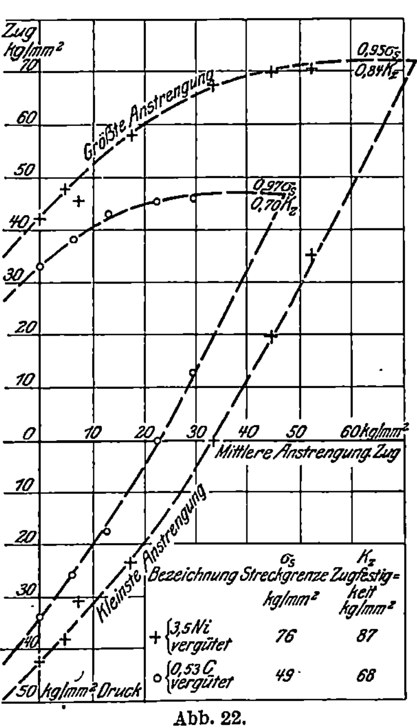

Abb. 22.

<hr>

[1] Journal of the Iron and Steel Institute 1910, S. 246 ff.

wenn die Zerstörung des Probestabs nicht eintreten soll (vgl. auch S. 21).

Abb. 22 zeigt Beispiele aus den Versuchen, die in Urbana von Moore geleitet werden. Die zugehörige Maschine ist in Abb. 23 dargestellt. Der Verlauf der Linienzüge in Abb. 22 erscheint nicht wesentlich anders als in Abb. 20. Hier konnte die Beanspruchung für den Stahl mit 0,53% C schwanken zwischen

$$+ 33,7 \text{ und } - 33,7 \text{ kg/mm}^2, \text{ insgesamt um } 67,4 \text{ kg/mm}^2,$$

oder zwischen

$$
\begin{aligned}
&+ 38,6 \quad \text{,,} \quad - 25,8 \quad \text{,,} \quad , \quad \text{,,} \quad \text{,,} \quad 64,4 \quad \text{,,} \quad , \\
&+ 43,6 \quad \text{,,} \quad - 17,4 \quad \text{,,} \quad , \quad \text{,,} \quad \text{,,} \quad 61 \quad \text{,,} \quad , \\
&+ 45,7 \quad \text{,,} \quad - \ 0 \quad \text{,,} \quad , \quad \text{,,} \quad \text{,,} \quad 45,7 \quad \text{,,} \quad , \\
&+ 46,4 \quad \text{,,} \quad + 13,3 \quad \text{,,} \quad , \quad \text{,,} \quad \text{,,} \quad 33,1 \quad \text{,,} \quad .
\end{aligned}
$$

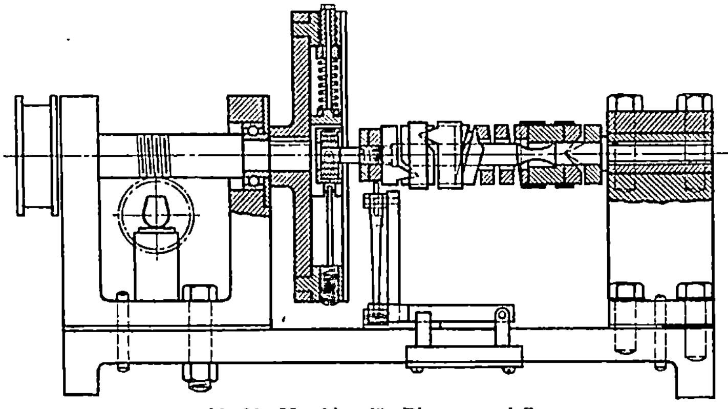

Abb. 23. Maschine für Biegung und Zug.

Ferner konnte der ruhende Zug rd. 47 kg/mm² betragen, wenn die Spitze der Linienzüge als zutreffend liegend angesehen wird (vgl. auch S. 22). Die Streckgrenze des Stahls ist zu $\sigma_s = 49$ kg/mm² ermittelt worden.

Die höchste Anstrengung, die das Material bei ruhigem Zug dauernd ertrug, würde nach Abb. 22 etwas unter der Fließgrenze σ_s liegen; sie blieb mehr unter σ_s, wenn die Belastung zwischen zwei Grenzen wechselte; der Unterschied nahm zu mit der Größe der Schwingungen in dem durch Abb. 22 ersichtlichen Grad.

Abb. 24, nach späteren Mitteilungen von Moore für gewöhnlichen Baustahl gültig, zeigt ungefähr das gleiche Bild. Auch liegt die zulässige Anstrengung für ruhenden Zug bei der Streckgrenze des Materials.

Die Linienzüge in Abb. 20, 22 und 24 lassen ferner erkennen, daß das Verhältnis der Anstrengungen für die drei Hauptbelastungsfälle, also im Falle gleicher Schwingungen nach zwei Richtungen, dann bei

Schwingungen nach einer Richtung und schließlich bei ruhendem Zug
(oder Druck) beträgt:

in Abb. 20 bei dem Stahl mit 0,27 % C rd. 21 : 30 (33) : 34 (37) = rd. 1 : 1,5 : 1,7,
  „ „ „   „ 3,25 % Ni rd. 33 : 45 : 50   = rd. 1 : 1,5 : 1,6,
 „ „ 22 „ „   „   „ 0,53 % C rd. 33 : 45 : 47   = rd. 1 : 1,4 : 1,5,
  „ „   „   „ 3,5 % Ni rd. 42 : 67 : 72   = rd. 1 : 1,6 : 1,7,
 „ „ 24 „ „ Baustahl mit   rd. 14 : 21 : 24   = rd. 1 : 1,5 : 1,7.

Diese Verhältniszahlen zeigen, daß die zulässigen Anstrengungen für die
drei Belastungsfälle verhältnismäßig etwa wie 1 : 1,5 : 1,7 oder nach
der sicheren Seite abgerundet, wie

$$0,5 : 0,8 : 1$$

gewählt werden können. Der Vergleich
mit den Ergebnissen Wöhlers, nach
denen sich die zulässigen Anstrengungen
für die drei Fälle wie

$$1 : 2 : 3$$

verhalten sollen, zeigt, daß die neueren
Versuche eine kleinere Abstufung zulassen.

Dieses Ergebnis scheint mir von er-
heblicher Bedeutung. Es wird zunächst
für gewöhnliche Stähle mit verhältnismäßig geringer Kerbempfindlichkeit zur
Einführung empfohlen. Von führenden In-
genieuren erhielt ich auf Anfrage die Antwort, daß gegen die erörterte Folgerung
Bedenken nicht geltend gemacht würden.

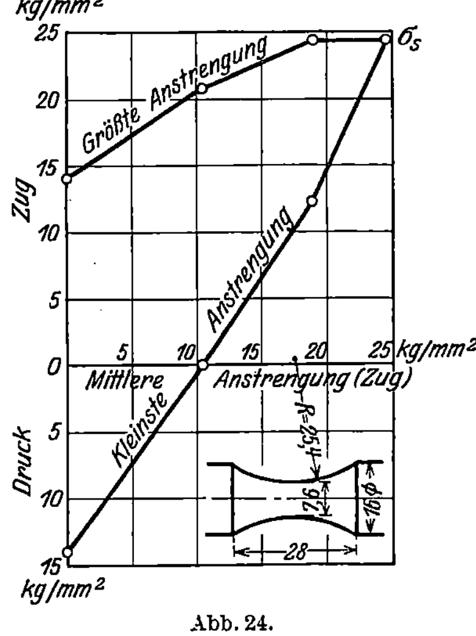

Abb. 24.

Für ruhende Belastung ist aus den Abb. 20, 22 und 24 entnommen
worden, daß die Dauerfestigkeit des Stahls an der Streckgrenze liegt.
Diese Annahme ist zunächst durch den gewählten Verlauf der Linienzüge,
welche die Schar der Versuchspunkte durchlaufen, gegeben. Die Versuche
über das Verhalten bei ruhender Last lieferten eine höhere Tragfähigkeit[1].
Doch ist diese Abweichung von dem gewählten Endverlauf der Linienzüge nicht wesentlich, weil ruhende Lasten, streng genommen, sehr
selten vorkommen. Der Konstrukteur wird immer mit Schwingungen
der Spannungen rechnen müssen; für diese Belastungsfälle erscheinen
die Linienzüge in Abb. 20, 22 und 24 durch Versuchsergebnisse fest-
gelegt. Außerdem verlangt der Konstrukteur, daß die Streckgrenze
als höchstzulässige Beanspruchung in der Regel nicht erreicht wird,
schon mit Rücksicht auf die unzulässig großen Formänderungen, welche
mit dem Überschreiten der Streckgrenze verbunden sind, so daß die

---

[1] Vgl. auch Welter: Zeitschrift für Metallkunde 1928, S. 51 ff.

Linienzüge in Abb. 20, 22 und 24 nicht über die Streckgrenze reichen sollten.

Wenn hier gesagt ist, daß die höchste zulässige Last des Stahls, wenn sie ruhend wirkt, unter der Fließgrenze bleiben muß, so entspricht dies den Erfordernissen in bezug auf die Formänderung unserer Konstruktionen, insoweit es sich um gewöhnlichen Stahl mit ausgeprägter Fließgrenze handelt. Dabei ist noch besonders hervorzuheben, daß nach Siebel und Pomp[1] die Fließgrenze mit abnehmender Formänderungsgeschwindigkeit deutlich sinkt, also bei langdauernder ruhender Last erheblich niederer liegt als beim gewöhnlichen Zugversuch. Abb. 25 zeigt diese Abhängigkeit an Fließkurven von Weicheisen.

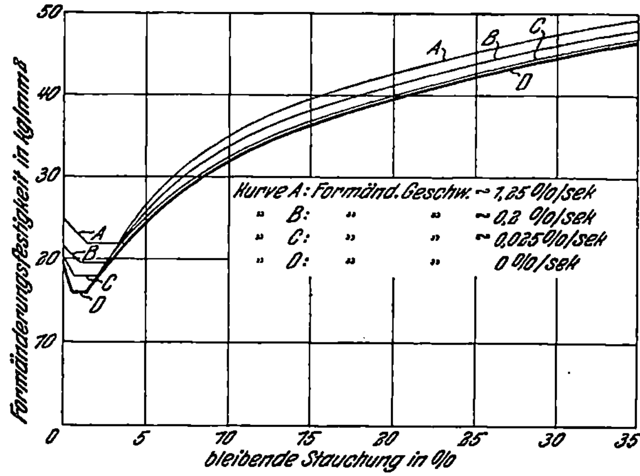

Abb. 25. Fließkurven eines Weicheisens bei wechselnder Formänderungsgeschwindigkeit.

Andererseits dürfte den Versuchen von Siebel und Pomp zu entnehmen sein, daß die Zugfestigkeit des Stahls bei langdauernder ruhender Last nicht bedeutend kleiner zu erwarten ist als beim gewöhnlichen Versuch mit kurzer Belastungsdauer. Diese Feststellung steht im Einklang mit Beobachtungen von Wöhler, der u. a. die Zugfestigkeit

        beim gewöhnlichen Zugversuch zu 3250 kg/cm²,
        bei langdauernder Last   zu 3220   „

gefunden hat (vgl. S. 8).

Würden diese Ergebnisse in den Darstellungen nach Abb. 20, 22 und 24 berücksichtigt, so könnte die Abhängigkeit der Dauerfestigkeit von der Art der Inanspruchnahme etwa gemäß dem punktierten Teil der Abb. 21 (bei *a*) dargestellt werden; der steile punktierte Ast bei *a* wird aber nicht zur Geltung kommen, da — wie schon bemerkt — völlig ruhende Lasten praktisch nicht vorkommen.

---

[1] Mitteilungen aus dem Kaiser-Wilhelm-Institut für Eisenforschung, Bd. X, Lieferung 4, Abhandlung 100.

VI. Bilder von Maschinenteilen aus Stahl, die nach oftmaliger Belastung und Entlastung gebrochen sind.

In der Einführung ist an Hand der Abb. 4 und 6 aufmerksam gemacht worden, daß Stahl, der bei einmaliger Belastung stark verformt werden kann, bei Überanstrengung durch oftmalige Biegeanstrengung ohne mit bloßem Auge wahrnehmbare Formänderung bricht. Diese Feststellung erscheint durch die Mitteilungen unter IV und V insofern verständlich, als vielen Versuchen zu entnehmen war, daß die Anstrengung, welche dauernd ertragen wird, unter praktischen Verhältnissen mehr oder minder unter der Streckgrenze liegt, also unter der Last bleibt, mit deren Überschreiten beim gewöhnlichen statischen Versuch mit bloßem Auge erkennbare Formänderungen beginnen.

Brüche in Maschinen, Eisenkonstruktionen usf., die nach längerer Dienstzeit als spröde Brüche auftreten, sind hiernach — abgesehen von offensichtlichen Stoffehlern — Ergebnisse oftmaliger Überlastung. Zur Beurteilung solcher Mißerfolge erscheint es zweckmäßig, kennzeichnende Bruchbilder wiederzugeben.

Abb. 26 zeigt ein Bruchstück, das zu einem durch oftmalige Biegung gebrochenen Stab gehört. Der Bruch ging von a aus; nachdem er bis bb eingedrungen war, brach der Stab plötzlich. In der Fläche $a\,bb$ ist der Riß allmählich vorgedrungen; der übrige Querschnitt wurde rasch durchgerissen; so entstand unter bb das Bild des gewöhnlichen Gewaltbruchs.

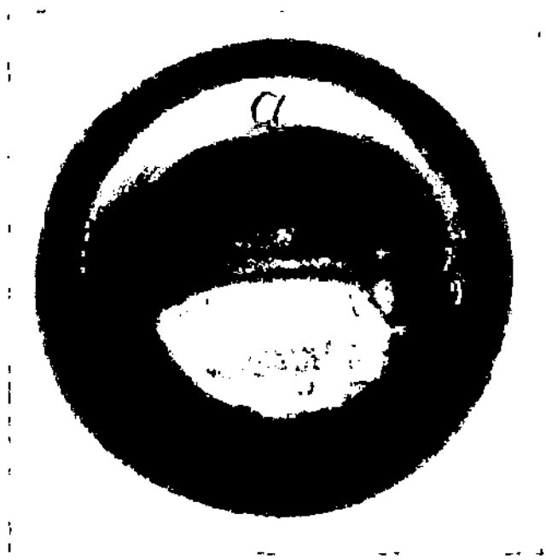

Abb. 26

In Abb. 27 ist die Bruchfläche einer Kurbelwelle dargestellt. Der Bruch begann bei a und schritt allmählich fort, jeweils von bogenförmigen Linien begrenzt.

Abb. 28 gibt die Bruchfläche einer Achse wieder, die wechselnd nach zwei Richtungen auf Biegung beansprucht war. Die Trennung begann bei aa und schritt allmählich nach der Mitte vor, bis schließlich auf der körnigen Fläche der Bruch plötzlich stattfand.

Lehrreich ist auch Abb. 29. Die Führungsstange eines Preßluftstampfers brach bei a. In der Bruchfläche ging die Rißbildung vom Übergang des oberen Stangenteils zum unteren, schwächeren aus, an den abgeschrägten Kanten beginnend. Hier war die größte Anstrengung aufgetreten.

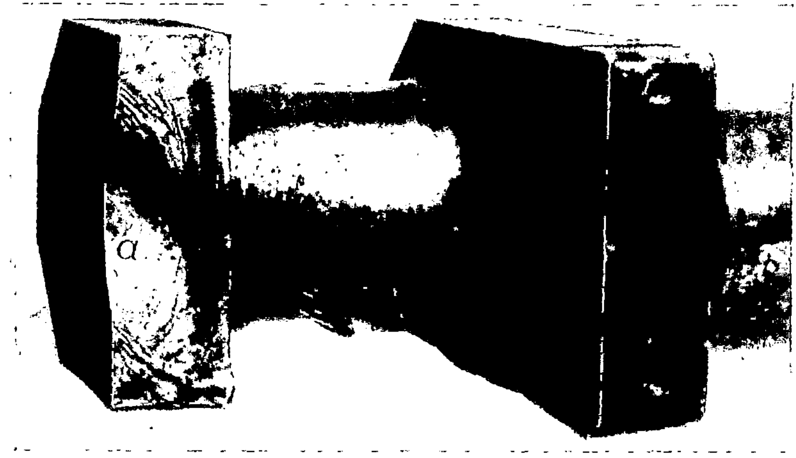

Abb. 27.

In Abb. 30 ist der Querschnitt einer Zug-
stange wiedergegeben. Der Bruch begann
einseitig bei a. Dieses Bruchbild ist für Zug-
stangen nicht außerordentlich, weil genau

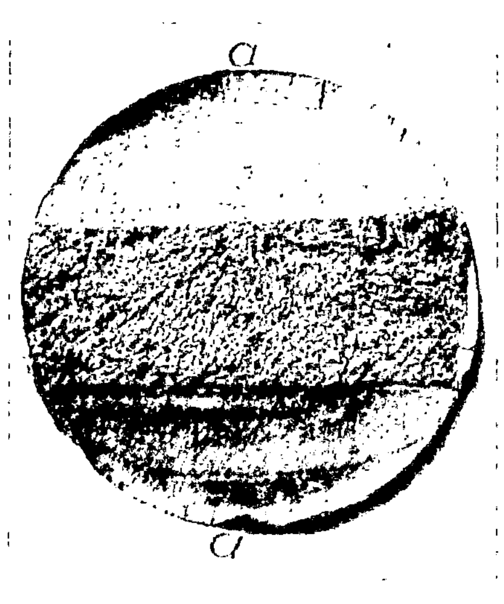

Abb. 28.

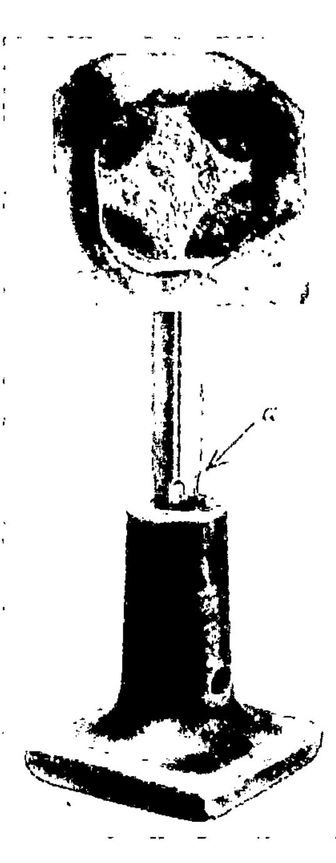

Abb. 29.

zentrischer Zug schwer zu erreichen ist, auch die Eigenschaften des
Stahls im Querschnitt einer Stange — wenn auch sehr kleine — Verschiedenheiten aufweisen.

In Abb. 31[1] sehen wir oben einen unter steigender Last verwundenen Stab. Der Grad der Verwindung ist an der Schraubenlinie erkennbar, die vor dem Versuch eine gerade Mantellinie war. Der unten dargestellte Stab brach nach 1,89 Millionen Torsionsschwingungen ohne deutlich erkennbare Verformung.

Abb. 32 zeigt einen Riß im Gebiet der Nietnaht eines Kessels. In Abb. 33 sind Risse in der Nietnaht eines andern Kessels wiedergegeben. In beiden Fällen waren die Kessel längere Zeit im Betrieb; das Material der Rißränder ist nicht erkennbar verformt; der Verlauf und Zustand der Risse kennzeichnet den spröden Dauerbruch.

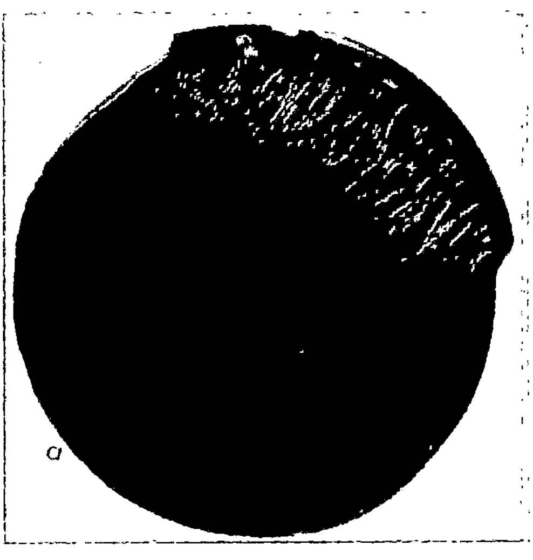

Abb. 30.

VII. Art der Untersuchungen über das Verhalten des Stahls bei oftmaliger Belastung.

Die bisher besprochenen Versuchsergebnisse bringen zahlenmäßige Aufschlüsse über die Größe der Dauerfestigkeit verschiedener Stähle bei verschiedener Beanspruchung und über das Bruchaussehen von Stahl-

Abb. 31.

teilen, die infolge Überanstrengung nach oftmaliger Belastung und Entlastung gebrochen sind.

---

[1] Nach Gough: The Fatigue of Metals 1924, S. 168.

Für die Wahl der Größe der zulässigen Anstrengung wurden wichtige Erkenntnisse gewonnen. Jedoch blieb die Frage zurückgestellt: Was geschieht in einem Stahlstab bei oftmaligem Lastwechsel? Warum ist die Tragkraft bei oftmaligem Lastwechsel viel kleiner als beim gewöhnlichen Bruchversuch unter gleicher Lastanordnung?

Zu diesen Fragen liegen viele Beobachtungen vor; sie geben zwar noch keine schlüssige Antwort, stützen jedoch Hypothesen, die anschaulich sind.

Die Untersuchungen erstrecken sich im wesentlichen

a) auf die Veränderlichkeit der Elastizität des Stahls durch oftmalige Beanspruchung, ermittelt durch Dehnungsmessungen,

b) auf die Veränderlichkeit der Festigkeitseigenschaften des Stahls (Streckgrenze, Zugfestigkeit, Bruchdehnung usf.) durch langdauernde und oftmalige Beanspruchung,

c) auf die Vorgänge in den Kristalliten des Stahls und damit

d) auf Beobachtungen mit dem Mikroskop, mit den Röntgenstrahlen[1], Beobachtungen über den Anriß und den Fortgang der Risse im Gefüge, auch des Einflusses

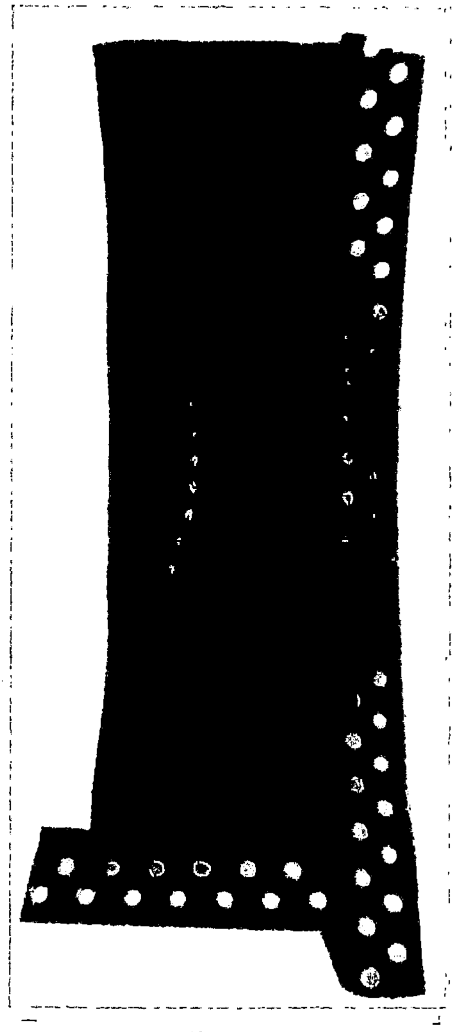

Abb. 32.

unvermeidlicher Unvollkommenheiten des gewöhnlichen Stahls,

e) auf die Feststellung der Temperatur des Stahlstabes während des Versuchs,

f) auf die Ermittlung der Energie, welche der Stab bei oftmaliger Belastung aufnimmt,

[1] Vgl. Glocker: Materialprüfung mit Röntgenstrahlen. Berlin 1927.

g) auf den Einfluß ein- oder mehrmaliger Überlastungen auf die Schwingungsfestigkeit des Stahls, sowie

h) auf den Einfluß oftmaliger Belastung unterhalb der Schwingungsfestigkeit, auch der Ruhepausen,

i) auf das Vorhandensein von Vorspannungen (durch Recken, Abschrecken, Vergüten usw.), den Widerstand des Materials gegen äußere Kräfte verringernd,

k) Maßnahmen zum Auffinden etwaiger Anrisse,

l) auf die Verfolgung von Bruchschäden, namentlich in bezug auf den Einfluß konstruktiver Mängel und von Mängeln, die bei der Bearbei-

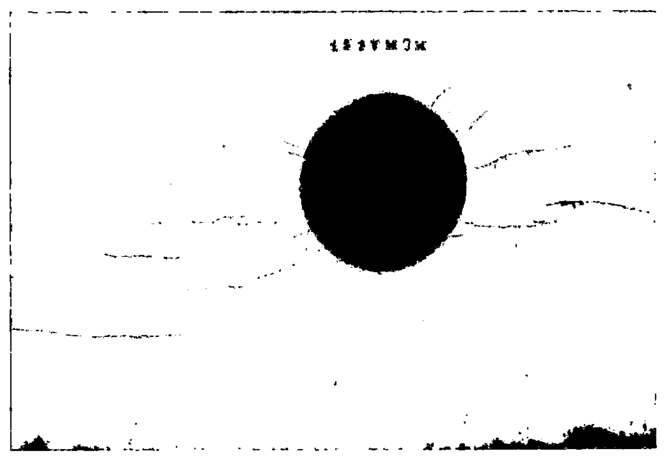

Abb. 33.

tung oder im Dienst entstanden sind, im Zusammenhang mit den Erkenntnissen zu a) bis c) oder in bezug auf oft angewandte Elemente des Maschinenbaus wie der Bautechnik (z. B. Einfluß von Querbohrungen in Zugstäben u. a.),

m) auf die Schaffung von Verfahren und Einrichtungen, die der raschen Feststellung der Dauerfestigkeit dienen (Abkürzverfahren).

Schließlich ist

n) auf das in neuerer Zeit besonders wichtige Verhalten des Stahls bei höheren Temperaturen und

o) auf die Widerstandsfähigkeit bei oftmaliger Schlagbeanspruchung einzugehen.

VIII. Elastizität des Stahls bei oftmaliger Belastung und Entlastung.

Vom Stahl, der noch nicht belastet war, wissen wir, daß kleine bleibende Dehnungen schon bei Anstrengungen entstehen, die weit unterhalb den als zulässig eingeführten liegen. Abb. 34 enthält als Beispiel die Ergebnisse von Messungen an einem Stab aus gewöhnlichem Baustahl. Bleibende Dehnungen sind hier erstmals unter $\sigma = 640\ \mathrm{kg/cm^2}$ festgestellt worden. Die ersten bleibenden Dehnungen würden bei noch erheblich kleinerer Anstrengung zu finden sein, namentlich wenn die Feststellung des Beginns der bleibenden Verformung unter Zuhilfenahme besonders empfindlicher Instrumente geschieht.

Zur Beurteilung der Ergebnisse in Abb. 34 ist hier hervorzuheben, daß bleibende Dehnungen unter Anstrengungen gefunden wurden, die weit unter den für Zugbelastung zulässigen Anstrengungen liegen. Dabei ist die Belastung und Entlastung auf jeder Stufe nur einmal oder

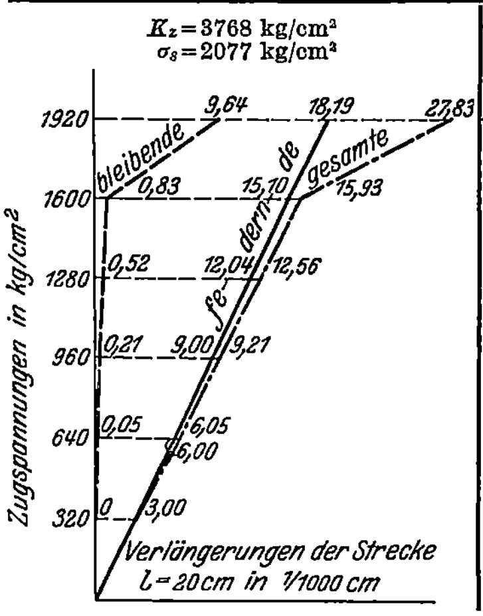

	Dehnungszahlen		
	für die Spannungsstufe in kg/cm²	aus den gesamten Dehnungen	aus den federnden Dehnungen
	1600÷1920	1 : 540 000	1 : 2 070 000
	1280÷1600	1 : 1 900 000	1 : 2 090 000
	960÷1280	1 : 1 910 000	1 : 2 110 000
	640÷960	1 : 2 030 000	1 : 2 130 000
	320÷640	1 : 2 100 000	1 : 2 130 000
	0÷320	1 : 2 130 000	1 : 2 130 000

Abb. 34.

zweimal wiederholt worden, ohne daß verfolgt wurde, ob die bleibenden Dehnungen unter weiteren Lastwechseln noch wachsen.

Der Konstrukteur wird nach dieser Feststellung fragen, wie sich die bleibenden Dehnungen bei oftmaligem Lastwechsel innerhalb der heute zulässigen Anstrengungen entwickeln, auch, ob Anlaß vorliegt, die jetzt üblichen zulässigen Anstrengungen mit Rücksicht auf die bleibenden Formänderungen zu bemessen oder ob die Dauerfestigkeiten, gemäß Abschnitt II bis VI ermittelt, allein entscheidend bleiben.

Wertvolle Aufschlüsse brachten zunächst die Untersuchungen von Bauschinger[1]. Diesen Versuchen kann entnommen werden, daß die bleibenden Dehnungen des Stahls in verhältnismäßig kurzer Zeit zur Ruhe kommen, gegenüber den federnden Dehnungen auch unerheblich

---

[1] Bauschinger: Dinglers Polytechn. Journ. 1877, S. 1ff.; Mitteilungen aus dem Mechanisch-Technischen Laboratorium der K. Techn. Hochschule München, 1886, 13. Heft.

bleiben, solange die obere Grenze der Belastungsschwingungen unter der Dauerfestigkeit bleibt. Die Grenze, unter welcher nach oftmaliger Wiederholung von Entlastung und Belastung keine neuen bleibenden Formänderungen auftreten, sondern nur federnde Formänderungen wachgerufen werden, bildet sich erst allmählich aus. Diese Grenzbeanspruchung kann natürliche Elastizitätsgrenze genannt werden; ihre Größe ist von denselben Faktoren abhängig wie die Dauerfestigkeit (Art der Lastwechsel usf.), und deckt sich nach anderen Versuchen[1] mit dieser.

Für das Entstehen der Elastizitätsgrenze sei zunächst angenommen, ohne daß diese Vorstellung als hinreichend bezeichnet sein soll, daß die Widerstände der Eisenkörner in ihrem Innern und an ihren Berührungsflächen durch wiederholte Belastung und Entlastung in gewissen Grenzen allmählich so ausgeglichen und eingerichtet werden, daß Lastwechsel nur noch federnde Formänderungen hervorrufen[2]. Über die Vorgänge, welche diese Entwicklung der Elastizitätsgrenze begleiten, vgl. u. a. unter X, XI, XIII, XIV, XV und XVI.

Beim Vergleich der Ergebnisse Bauschingers mit den Beobachtungen beim gewöhnlichen Zugversuch ergibt sich weiter, daß die beim einfachen Zugver-

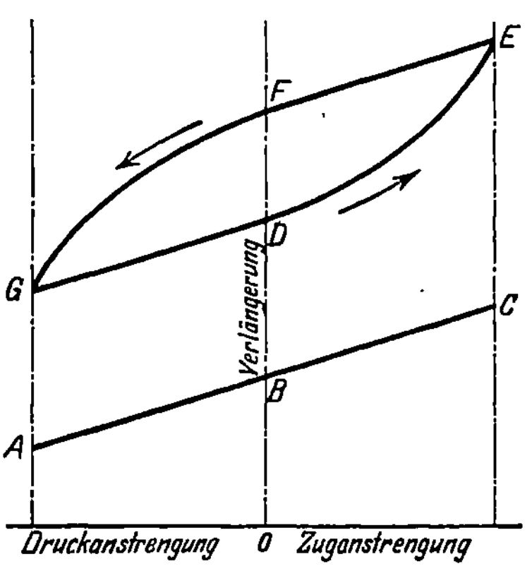

Abb. 35.

such ermittelte Elastizitätsgrenze, also die Belastung bei der unter erstmaliger Anstrengung des Stahls bleibende Dehnungen noch nicht zu messen waren, in der Regel keine technische Bedeutung hat. Bauschinger konnte seinen Versuchen eben entnehmen, daß wiederholte Anstrengungen (Schwingungen) zwischen Null und einer oberen Grenze nicht zum Bruch führen, solange diese Anstrengungen die Elastizitätsgrenze noch zu heben vermögen. Erst wenn die Anstrengungen so hoch gewählt sind, daß die natürliche, also die im Dienst sich einstellende Elastizitätsgrenze darunter liegt, muß allmählich der Bruch erfolgen.

Bairstow[3] hat bei Dauerversuchen die Dehnungslinien des Stahls bei Belastung und Entlastung verfolgt. Diese Linien bilden, gemäß

---

[1] Vgl. u. a. Lehr: Die Abkürzungsverfahren zur Bestimmung der Schwingungsfestigkeit, S. 28.

[2] Vgl. auch Geiss: Z. Metallkunde 1923, S. 297ff.

[3] Bairstow: Philosophical Transactions of the Royal Society of London, Series A, Bd. 210, S. 35ff. 1911. Vgl. ferner Dalby in der gleichen Zeitschrift, Bd. 221, S. 117ff. 1921.

Abb. 35 dargestellt, die sogenannte Schleife der mechanischen Hysteresis, bei niederen Lasten unter bestimmten Voraussetzungen als Gerade AC, bei hohen Lasten als Schleife $DEFG$. Das fortdauernde Anwachsen des Inhalts der Schleifen zeige, daß der Stab überlastet ist. Bei geringer Anstrengung decken sich bei Stahl — wenn die üblichen Meßgeräte zur Anwendung kommen — die Linien der Belastung und Entlastung sofort oder nach einiger Zeit, entsprechend der Linie $BCAB$ in Abb. 35, sofern es sich um langsame und stetige Belastung und Entlastung handelt[1]; die Punkte A, B, C behalten ihre Lage. Die Beobachtungen von Bairstow bestätigen die Auffassung Bauschingers, daß die natürliche Elastizitätsgrenze die Dauerfestigkeit begrenzt.

In bezug auf die Größe der Dehnungszahl der federnden Formänderungen kann nach den Versuchen von Bauschinger, Bairstow und der späteren Forscher angenommen werden, daß diese Dehnungszahl durch oftmaligen Lastwechsel unterhalb der Dauerfestigkeit nicht oder jedenfalls praktisch nur unerheblich geändert wird.

Für das folgende ist zunächst vorauszusetzen, daß bei Belastung des Stahls mit einer Anstrengung, welche dauernd ertragen wird — jedenfalls einige Zeit nach Indienststellung —, nur federnde Formänderungen auftreten; entstehen fortdauernd bleibende Formänderungen, so ist das Material überlastet. Fortdauernde Überlastung führt früher oder später zum Bruch, weil damit fortwährend wachsende Formänderungen verbunden sind.

IX. Veränderlichkeit der Festigkeitseigenschaften des Stahls (Streckgrenze, Zugfestigkeit, Bruchdehnung, Bruchquerschnittsverminderung) durch langdauernde und oftmalige Beanspruchung.

Der Umstand, daß bei oftmalig wechselnder Belastung nur Anstrengungen ertragen werden, die unter der Streckgrenze liegen, und die Beobachtung, daß unter solchen Verhältnissen bildsame Stoffe spröde Brüche aufweisen, hatte zur Zeit Wöhlers und vorher zu der Annahme geführt, das Eisen erfahre bei oftmaliger Belastung grundlegende Änderungen seines Aufbaus und damit Abminderung seiner Festigkeitseigenschaften.

Bauschinger[2] konnte auf Grund seiner Versuche aussprechen: „Die Zugfestigkeit zeigt sich durch millionenmal wieder-

---

[1] Über den Einfluß der Zeit auf die elastische Hysteresis vgl. z. B. Sachs: Mechanische Technologie der Metalle 1925, S. 130ff.

[2] Bauschinger: Heft 13 der Mitteilungen aus dem Mechanisch-Technischen Laboratorium der K. Technischen Hochschule München 1886.

holte Anstrengungen nicht vermindert, eher erhöht, wenn das Probestück nach jenen Anstrengungen mit ruhender Belastung abgerissen wird."

Er fand u. a. für Vierkantstäbe von rd. 12 · 10 mm² Querschnitt:

beim einfachen Zugversuch . . . . $K_z = 3840$ kg/cm²,
bei einem Stab, der 5170523 Belastungen zwischen 0 und
1080 kg/cm² ertragen hatte . . . . $K_z = 3600$ „ ,
bei einem Stab, der 5182653 Belastungen zwischen 0 und
2000 kg/cm² ertragen hatte . . . . $K_z = 3730$ „ ;

ferner für Vierkantstäbe mit rd. 10 · 10 mm² Querschnitt:

beim einfachen Zugversuch . . . . . $K_z = 4050$ kg/cm², $\varphi = 12,6\%$, $\varphi = 24\%$,
bei einem Stab, der 9113462 Belastun-
gen zwischen 0 und 2000 kg/cm² er-
tragen hatte . . . . $K_z = 4310$ „ $\varphi = 12,4\%$, $\varphi = 15\%$;

sodann für andere Vierkantstäbe, ebenfalls mit rd. 10 · 10 mm² Querschnitt:

beim einfachen Zugversuch . . . . . $K_z = 4020$ kg/cm², $\varphi = 14,2\%$, $\varphi = 33\%$,
bei einem Stab, der 16480816 Belastun-
gen zwischen 0 und 2100 kg/cm² er-
tragen hatte . . . . $K_z = 4140$ „ $\varphi = 16,0\%$, $\varphi = 32\%$,
bei einem Stab, der 9311875 Belastun-
gen zwischen 0 und 2630 kg/cm² er-
tragen hatte . . . . $K_z = 4050$ „ $\varphi = 19,6\%$, $\varphi = 36\%$.

Bei Untersuchungen von Martens[1] zeigte sich nach Abb. 36, daß die ursprüngliche Streckgrenze σ_{s1} gewöhnlichen Stahls (K_z rd. 3700 bis rd. 8000 kg/cm²) durch oftmaligen Lastwechsel in der Maschine nach Abb. 9 erhöht wurde, wenn die Anstrengung erheblich über der Schwingungsfestigkeit lag (Zahl der Lastwechsel weniger als etwa 100000, entsprechend $\log \Sigma A = 5$); bei geringerer Beanspruchung ist σ_s nach dem Dauerversuch (σ_{s2}) in der Regel etwas kleiner ausgefallen als vorher [($\sigma_{s2} : \sigma_{s1}$) 100 kleiner als 100]. Die Zugfestig-

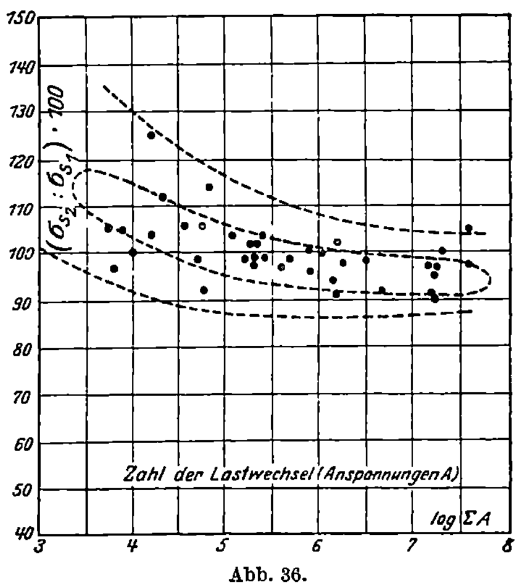

Abb. 36.

keit K_z des Materials war durch Überanstrengung etwas erhöht worden; bei Belastungen, die 1000000 mal und öfters getragen wurden, fand sich die Zugfestigkeit K_{z2} des im Dauerversuch gelaufenen Stahls etwa ebenso groß wie die Zugfestigkeit K_{z1} im Ursprungszustand, vgl. Abb. 37.

---

[1] Martens: Mitt. Materialpr.-Amt zu Berlin-Lichterfelde West 1914, S. 51ff.

X. Vorgänge in den Kristalliten des Stahls bei einmaliger und bei oftmals wiederholter Anstrengung.

Der gewöhnliche Stahl ist ein Haufwerk von Kristalliten verschiedener Gestalt und Größe, auch von verschiedener kristallographischer Orientierung. Im Gefügebild des geglühten, langsam abgekühlten Stahls sitzen zwischen Ferritkörnern Inseln aus einem Gemenge von Ferrit und Eisenkarbid. Die Festigkeitseigenschaften dieser Bestandteile sind nicht gleich. Um die Vorgänge in den Kristalliten bei der Belastung eines Stahlstabs zu verfolgen, erschien es deshalb geboten, zunächst möglichst reines Eisen zu beobachten, also Versuche mit Stahl aufzunehmen, der im Gefüge fast nur Ferrit aufweist.

Ewing und Rosenhain[1] fanden zunächst, daß bei Überschreitung der Fließgrenze in den Ferritkörnern Linien erkennbar seien, in dem einzelnen Korn mehr oder weniger gerade und parallel verlaufend, in verschiedenen Körnern verschieden gerichtet, vgl. Abb. 38 (dem Bericht von Ewing und Rosenhain entnommen). Diese Linien seien die Folge von Verschiebungen in den Kristalliten (slips along the cleavage or gliding planes), etwa wie in Abb. 39 erkennbar. Rechts und links von C ist ein Kristallit gelegen; im linken sind die Gleitebenen bei a und b, im rechten bei c, d und e in die beobachtete

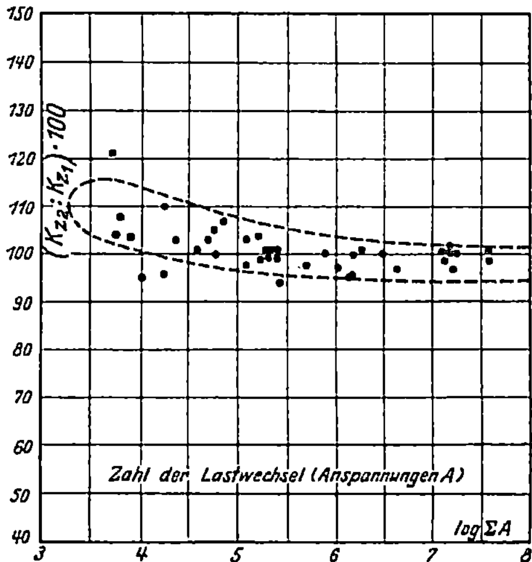

Abb. 37.

Abb. 38.

---

[1] Ewing und Rosenhain: Philosophical Transactions of the Royal Society of London A, Bd. 193, S. 353ff. 1900.

Fläche *AB* getreten und dort als Linien erkennbar. Ewing und Rosenhain zeigten weiter, daß die Kristallite nach dem Auftreten der Gleitlinien als solche erhalten bleiben.

Diese Beobachtungen sind bei statischen Versuchen gemacht worden.

Die Entwicklung der Gleitlinien unter oftmals wiederholter Belastung haben Ewing und Humfrey erstmals verfolgt;[1] sie konnten an Proben aus weichem Stahl verfolgen, wie sich die Gleitlinien allmählich entwickelten, vgl. die Beispiele in Abb. 40 und 41, auch wie in Kristalliten, die mit Gleitlinien eng besetzt waren, Risse entstanden. Die Risse verliefen durch die Kristallite, nicht über die Begrenzungsflächen der Körner.

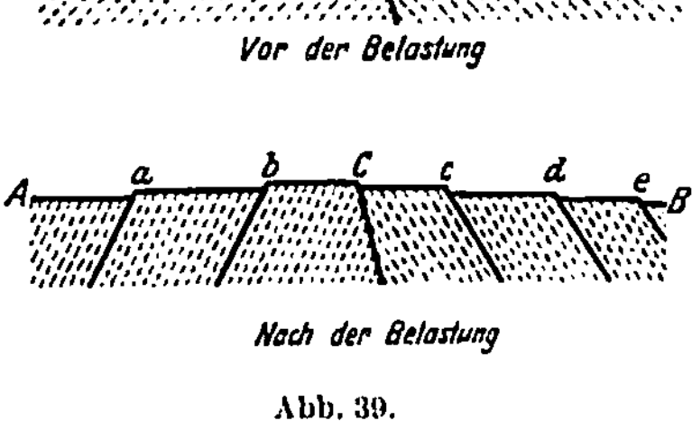

Abb. 39.

Man nahm damals wohl an, daß die Gleitlinien den Beginn des Bruchs unter oftmals wiederholter Beanspruchung bedeuten.

Der Vergleich dieser Annahme mit den Beobachtungen Bauschingers ließ aber vermuten, daß das Auftreten von Gleitlinien noch kein Zeichen sein kann für die Überanstrengung des Materials derart, daß die Dauerfestigkeit und die Anstrengung, bei welcher die Gleitlinien erstmals auftreten, zusammenfallen würden; denn die

Abb. 40. Nach 2000 Lastwechseln von + bis − 1922 kg/cm².

Feststellung Bauschingers, daß die natürliche Elastizitätsgrenze, die durch die dauernd zu tragende Anstrengung erst allmählich ausgebildet wird, führt zu der Annahme, daß die bei dieser Entwicklung auftretenden bleibenden Formänderungen schon unter Lasten, die erheb-

---

[1] Ewing und Humfrey: Philosophical Transactions of the Royal Society of London, A, Bd. 200, S. 241ff. 1903.

lich unterhalb der Dauerfestigkeit liegen, von Veränderungen im Gefüge begleitet sein müssen. Nach dem bisher Bekannten ist das Auftreten von Gleitlinien die erste bleibende Änderung des Gefüges; die Folgerung lag somit nahe, daß die Gleitlinien mit dem Auftreten der bleibenden Dehnungen verknüpft sind, die unter Lasten weit unterhalb der Dauerfestigkeit einsetzen (vgl. z. B. Abb. 34). Hierzu haben Gough und Hanson lehrreiche Untersuchungen angestellt[1], und zwar mit einem kohlenstoffarmen Eisen, dessen Schwingungsfestigkeit über der Streckgrenze lag[2]. Diese Forscher fanden, daß die Gleitlinien zunächst vereinzelt auftraten, und zwar bei Lasten, die unter der Dauerfestigkeit lagen; dabei trat allmählich ein Zustand ein, der sich bei oftmaliger Wiederholung der Anstrengung nicht änderte. Später wurden die Gleitlinien mit Zunahme der Anstrengung und wieder mit wachsender Zahl der Belastungswechsel zahlreicher, einem Grenzzustand sich nähernd, solange die Anstrengung unterhalb der Dauerfestigkeit blieb. An den

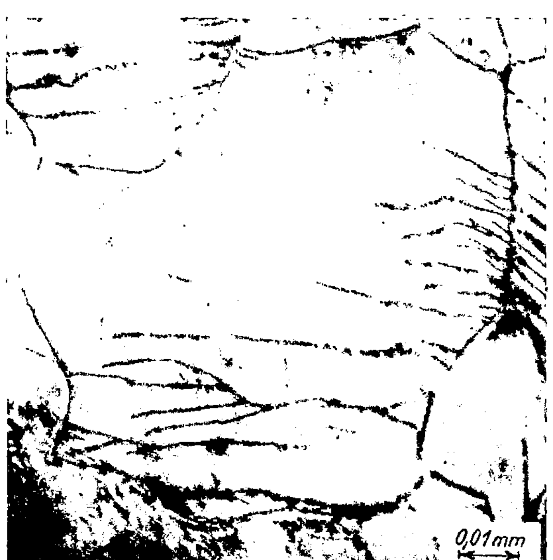

Abb. 41. Nach 40 000 Lastwechseln von + bis − 1922 kg/cm².

beobachteten Flächen waren nicht in allen Kristalliten Gleitlinien zu erkennen. In einzelnen Körnern entwickelten sich viele nahe beieinanderliegende Linien, so daß ein großer Teil dieser Körner wegen der mit den Verschiebungen eintretenden Lichtablenkung im Mikroskop dunkel blieb; Abb. 42[3]. In solchen Massenfeldern von Gleitlinien begann die Rißbildung. Die ersten Gleitlinien wurden unter Lasten gefunden, welche die ersten von außen meßbaren, bleibenden Formänderungen herbeiführten und diese Lasten noch unterschritten. Es war demnach, wie vermutet,

---

[1] Proceedings of the Royal Society of London, A, Bd. 104, S. 538ff., 1923.

[2] Vgl. hierzu unter IV und V, S. 8 f. (Verhältnis der Streckgrenze zur Schwingungsfestigkeit).

[3] Bemerkenswert war dabei noch, daß diese dunklen Felder nach den Korngrenzen oft nicht ausliefen, Abb. 42, eine größere Widerstandsfähigkeit des Materials in diesen Randgebieten andeutend.

festzustellen, daß das Vorhandensein von Gleitlinien noch kein Merkmal ist für Überlastungen in dem Sinn, daß die Last, welche die Gleitlinien entstehen ließ, bei oftmaliger Einwirkung den Bruch herbeiführen müßte. Wir wissen nur, daß Kristallite, in denen allmählich durch oftmalige Belastung und Entlastung viele Gleitlinien aufgetreten sind, in dem von Gleitlinien durchsetzten Teil brechen können. Wir müssen uns dabei gegenwärtig halten, daß die Gleitlinien im Stahl beim gewöhnlichen statischen

Abb. 42.

Versuch spätestens mit der Fließgrenze auftreten und hierbei eine Verminderung der Widerstandsfähigkeit nicht angeben, da die Belastung nach der Fließgrenze noch gesteigert werden kann und das Material verfestigt wird[1].

Das Wesen der Gleitlinien bedurfte somit weiterer Untersuchung. Hierzu verdanken wir vor allem Tammann[2] wichtige Erkenntnisse. Viele Forscher sind ihm gefolgt[3]. Eine Klarstellung ist noch nicht erreicht, jedoch sind anschauliche Hypothesen entstanden; mit der von

---

[1] Die Zerrüttung des Werkstoffs und die Verfestigung derselben hängen nicht zusammen. Vgl. auch unter XIV, S. 40 f.

[2] Vgl. z. B. Tammann, Lehrbuch der Metallographie, 3. Aufl. 1923.

[3] Vgl. z. B. die Quellenangabe bei Fränkel: Die Verfestigung der Metalle durch mechanische Beanspruchung 1920; Gough: The Fatigue of Metals 1924; Smekal: Z. V. d. I. 1928, S. 667 ff.

Smekal entworfenen möchte ich auf die große Bedeutung der Forschung auf diesem Gebiet verweisen. Er macht aufmerksam, daß die Festigkeit der Metalle weit höher sein würde, wenn die Kristallite der Werkstoffe die Eigenschaften von Idealkristalliten aufwiesen. Man müsse nach dem bisher Erforschten annehmen, daß bei der Bildung der Kristalle im Kristallgitter unregelmäßig verteilte, winzige Hohlräume entstehen oder doch gleichartig wirkende Lockerstellen auftreten. Smekal fährt dann u. a. wie folgt fort: „Wenn die Lockerstellen infolge ihrer Entstehung eine bevorzugte Orientierung nach Ebenen kleiner Wachstumsgeschwindigkeiten besitzen, so werden die betreffenden Ebenenrichtungen durch das Vorhandensein der Lockerstellen von vornherein als Kristallebenen ungewöhnlich erniedrigter Kohäsion ausgezeichnet sein; in der Tat gehören die Spalt- und die Gleitebenen der Kristalle stets zu den Ebenen kleinster Wachstumsgeschwindigkeiten. Es scheint damit verständlich, daß die mit ansteigender Belastung um sich greifende Erschütterung des Kristallbaues vor allem in der Richtung solcher Ebenen fortschreitet, wodurch das Gleiten oder Reißen gewissermaßen vorbereitet wird." Schon Ludwik habe erkannt, daß das Gleiten mit einer Gitterstörung verbunden ist. Mit zunehmenden Abgleiten wachse der Widerstand wieder durch die Teilnahme von Idealkristallgebieten, welche die Lockerstellen umgeben. Diese Zunahme des Widerstands bezeichnen wir als Verfestigung. Die dabei vom Kristallkorn aufgenommene und aufgespeicherte Verfestigungsenergie setze sich aus der Arbeitsleistung zur Schaffung neuer Lockeratome sowie örtlich stark schwankender Anhäufungen elastischer Spannungsenergien zusammen, die durch gegenseitige Selbstsperrung idealer Kristallgitterbereiche zustande kämen.

Diese Auffassung besagt u. a., daß die Festigkeit des technischen Metalls weit entfernt ist von der theoretischen Festigkeit des Idealkristalls, daß die Mängel des technischen Eisens die Entstehung der Gleitflächen in der früher geschilderten Weise begleiten, und daß der Bruch durch oftmaligen Lastwechsel in Gebieten mit zahlreichen Gleitflächen eintritt, wobei an den Lockerstellen allmähliches Einreißen stattfindet. Weiter gibt diese Hypothese Anregung, die Lockerstellen zu verringern sowie die unvermeidlichen zu verlegen durch Einlagerung von Fremdatomen. Die Technik geht in diesem Sinne vor, weil die technischen Eisen Legierungen sind, die höhere Widerstandsfähigkeit als das reine Eisen besitzen, u. a. auch durch Kornverkleinerung des Kristalls, wobei die Lockerstellen weniger Einfluß nehmen[1].

---

[1] Weiteres vgl. u. a. im Archiv für Eisenhüttenwesen, 2. Jg., H. 1, S. 23ff. (Herold, Mailänder); Ludwik: Z. V. d. I. 1919, S. 142ff.; 1923, S. 122ff.; Sachs: Z. V. d. I. 1928, S. 1188 u. 1189. Schmid, Stahl und Eisen 1929, S. 258 (Referat über Arbeiten von Welikhoff und Stchapoff, sowie von Taylor).

XI. Einfluß von Fehlstellen im Stahl.

Durch die Darlegungen im vorausgegangenen Abschnitt ist bereits die große Bedeutung der Unvollkommenheiten des technischen Eisens für dessen Dauerfestigkeit veranschaulicht, zunächst soweit die mikroskopisch, auch röntgentechnisch noch nicht nachweisbaren Lockerstellen der Realkristalle in Betracht kommen. Daß die uns geläufigeren Mängel des Stahls — innere Spannungen, nichtmetallische Einschlüsse, Blasen, Veränderlichkeit der Festigkeit in einem Stahlstück von außen nach innen, auch nach der Länge usw. — weitgehenden Einfluß nehmen, bedarf keines besonderen Nachweises. Je nach der Sorgfalt, welche der Stahl bei seiner Herstellung (Gießen, Auswahl der Blöcke, Vorrichten der Blöcke [durch Wegnahme der weniger guten Teile usw.], Walzen, Warmbehandlung usw.) erfahren hat und je nach der Treffsicherheit, die dem Herstellungsverfahren in bezug auf die Eigenschaften des Erzeugnisses innewohnt usw., muß mit mehr oder minder großen Abweichungen von gewährleisteten Durchschnittseigenschaften oder mit mehr oder minder weiten Toleranzen gerechnet werden, namentlich wenn es sich um wiederholte Lieferungen handelt. Das erforderliche statistische Material steht in bezug auf die Dauerhaftigkeit des Stahls noch nicht zur Verfügung.

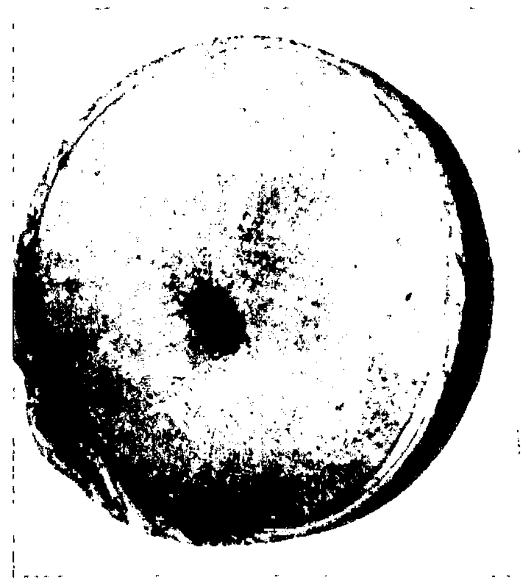

Abb. 43. Dauerbruch mit Fehlstelle. Bruch von innen ausgehend.

Abb. 43 zeigt die Bruchfläche eines Kuppelzapfens mit Fehlstelle im Innern, von Reichsbahnrat Dr.-Ing. Kühnel zur Verfügung gestellt[1]. Schulz und Püngel[2] haben mit Schlagversuchen gezeigt, daß Ungleichmäßigkeiten im Querschnitt der Proben den Widerstand gegen Wechselbeanspruchung bedeutend herabsetzen können.

XII. Temperatur des Stahlstabs bei oftmals wiederholter Belastung.

Solange ein Körper bei oftmals wiederholter Belastung und Entlastung rein elastische Formänderungen erfährt, durchläuft er im Sinne

[1] Kühnel: Z. V. d. I. 1927, S. 557ff.

[2] Schulz und Püngel: Mitt. aus der Versuchsanstalt der Deutsch-Luxemburgischen Bergwerks- und Hütten-A.-G. Dortmunder Union 1922, S. 43ff.

der Thermodynamik umkehrbare, geschlossene Kreisprozesse. Wenn zu den elastischen Formänderungen noch bleibende hinzutreten, infolge der früher besprochenen Gleitungen in den Kristalliten, ist zusätzliche, nicht wiederkehrende Arbeit zu leisten, die eine Erwärmung des Materials zur Folge hat[1]. Die so entstehenden Temperaturänderungen haben Stromeyer, näher Putnam und Harsch[2], im Vergleich mit der Schwingungsfestigkeit verfolgt. In Abb. 44 sind aus den Versuchen von Putnam und Harsch die Linien der Temperaturänderungen für einige Stähle wiedergegeben, wobei die Belastung mit 1000 minutlichen Wechseln wirkte und in Zeitabständen

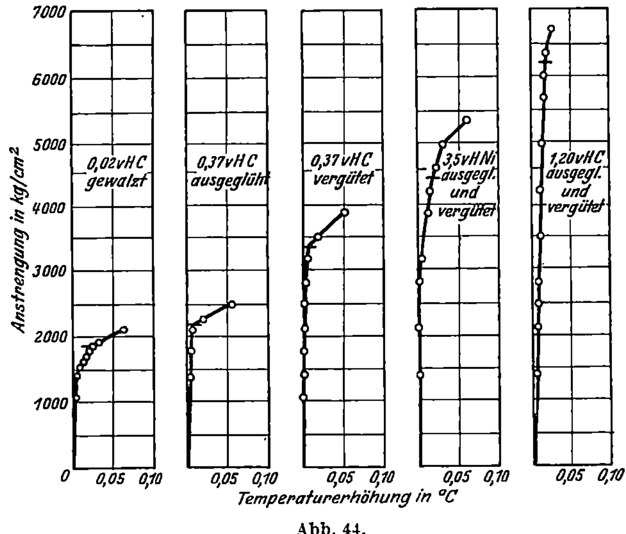

Abb. 44.

von ¹/₂ Minute gesteigert wurde. Die Linienzüge zeigen in ihrem Verlauf in der Regel einen ausgeprägten Knick oder den Schnittpunkt zweier Kurvenäste. Die Last, zu welcher der Schnittpunkt jeweils gehört, entsprach mit unerheblichen Abweichungen der Schwingungsfestigkeit.

Hiernach kann durch Ermittlung der Temperaturänderungen ein weitgehender Aufschluß über die Schwingungsfestigkeit des Stahls gewonnen werden; es bietet sich damit die Möglichkeit, die Schwingungsfestigkeit durch kurzdauernde Versuche annähernd festzustellen oder doch durch Vorversuche für länger dauernde normale Versuche vorläufig

---

[1] Vgl. hierzu Rasch: Internationaler Verband für die Materialprüfungen der Technik, V. Kongreß 1909, Beitrag VII, 3.

[2] Vgl. Moore und Kommers: An Investigation of the Fatigue of Metals, Bulletin 124 der Engineering Experiment Station, University of Illinois 1921, S. 119ff.

zu erkunden. Der Verlauf der Temperaturänderungen ist derart, daß die früher geschilderten Auffassungen über die Vorgänge in den Kristalliten nicht widerlegt erscheinen.

XIII. Ermittlung der Arbeit, welche ein Stahlstab bei oftmaliger Belastung und Entlastung aufnimmt.

Die Arbeit, welche ein Stahlstab während eines Lastwechsels aufnimmt, ist in mannigfaltiger Form gesucht worden, bei Torsions-, bei Biegungs- und bei Zugbeanspruchung[1]. Die genaue Bestimmung dieser Arbeit, namentlich auch ihre Veränderlichkeit bei gleichbleibender Belastung, begegnet im Bereich der zulässigen Anstrengungen, also bei Anstrengungen bis zur Dauerfestigkeit erheblichen Schwierigkeiten wegen der Kleinheit der zu messenden Arbeit im Vergleich mit der Reibungs- und Formänderungsarbeit, welche die Prüfgeräte gleichzeitig aufnehmen.

Unter Belastungen, die nahe der Dauerfestigkeit liegen, wächst die für jeden Lastwechsel erforderliche Arbeit im Sinne des zu Abb. 44 Bemerkten. Wenn demgemäß durch Vorversuche zunächst die Veränderlichkeit der Formänderungsarbeit bei oftmaligem Lastwechsel, steigend in Stufen, die eine gewisse Zeit beibehalten werden, erkundet wird, so kann aus dem Verlauf der Linie der aufgewendeten Arbeit mit

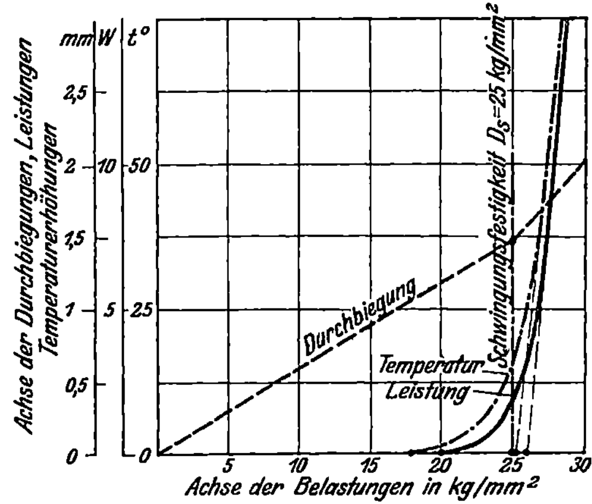

Abb. 45. Nieteisen mit $K_z = 40\,\text{kg/mm}^2$ und $\sigma_s = 29\,\text{kg/mm}^2$.

einiger Annäherung auf die voraussichtliche Dauerfestigkeit geschlossen werden, jedenfalls durch folgende Versuche mit großer Lastwechselzahl im Bereich der Schwingungsfestigkeit verhältnismäßig rasch nachgeprüft werden. Dieses Verfahren ist von Lehr[2] mit gutem praktischen Erfolg

---

[1] Vgl. u. a. Grammel: Z. V. d. I. 1914, S. 1600 (Versuche von Hopkinson und Trevor-Williams sowie diejenigen von Rowett); Gough: The Fatigue of Metals 1924, S. 204 ff; Föppl: Schweiz. Bauzeitung Bd. 86, S. 281 ff. 1925; Becker und Föppl: Heft 204 der Forsch.-Arb. Ing. 1928; Pertz: Die Bestimmung der Baustoffdämpfung, Sammlung Vieweg Heft 91. 1928; Ludwik: Arch. f. d. Eisenhüttenwesen, 1. Jg., H. 8, S. 542; Voigt: Z. techn. Physik 1928, S. 321 ff.

[2] Lehr: Die Abkürzungsverfahren zur Bestimmung der Schwingungsfestigkeit, 1925.

mit der bei Schenck in Darmstadt hergestellten Maschine durchgeführt worden, vgl. Abb. 45 bis 47[1]).

Weiteres vgl. unter XXII.

XIV. Einfluß ein- oder mehrmaliger Überlastung auf die Schwingungsfestigkeit des Stahls.

Der Werkstoff wird bei der Verarbeitung nicht selten durch Richten, Biegen usw. oder im Dienst durch örtliche Spannungserhöhung (z. B. an Zapfenübergängen, am Rand von Bohrungen usw.) ein- oder mehrmals oder noch öfters über die Streckgrenze, jedenfalls über die Dauerfestigkeit beansprucht. Welche Bedeutung kommt solchen zeitweiligen Überlastungen zu ?

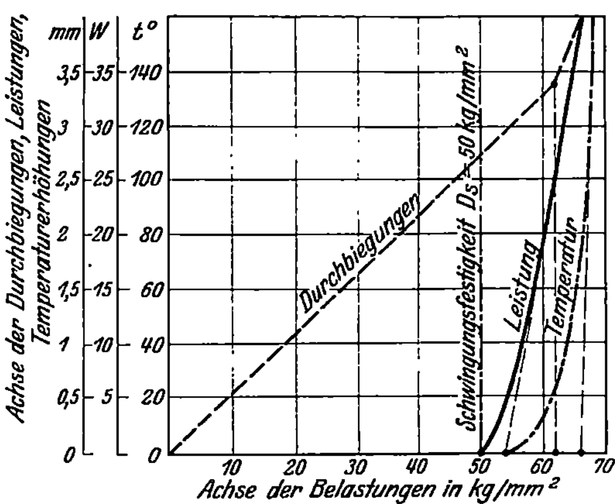

Abb. 46. Kurbelwellenstahl mit $K_z = 95,5$ kg/mm² und $\sigma_s = 85$ kg/mm².

Hierzu seien zunächst Versuche von Moore und Kommers[2] besprochen. Bei Biegeversuchen (Biegung unter ständiger Drehung der Probe mit 1500 Umd./Min.) ergab sich für Stahl mit 0,49% C, $\sigma_s = 49$ kg/mm², $K_z = 68$ kg/mm², $D_s = 33,7$ und 35,5 kg/mm², wenn D_s während

5000 Drehungen um 10% überschritten wurde, nicht merklicher Rückgang von D_s,
5000 „   „ 20% „   „   „   „   „   „ „
5000 „   „ 29% „   „ Rückgang von D_s um 11%,
1000 „   „ 29% „   „ nicht merklicher Rückgang von D_s,
1000 „   „ 35% „   „ Rückgang von D_s um 4%.

Diese Zahlen zeigen, daß erhebliche Überschreitungen der Schwingungsfestigkeit D_s diese selbst nicht merklich erniedrigen, wenn diese Überschreitungen in eng begrenzter Zahl stattfinden. Dabei ist zu bemerken, daß die Überlastungen in keinem Fall die Streckgrenze σ_s erreicht hatten.

Schließlich wurden noch Proben bei langsamer Bewegung während 100 Umdrehungen so weit überlastet, daß die Anstrengung eben den Wert der Streckgrenze σ_s erreichte. Die Dauerfestigkeit D_s ging dabei nicht zurück.

---

[1] Aus der S. 39 in Fußbem. 2 genannten Schrift von Lehr.

[2] Moore und Kommers: Bulletin 124 der Engineering Experiment Station, University of Illinois 1921, S. 112ff.

Weiteren Aufschluß gewähren neuere Versuche von Moore und Jasper[1].

Gesucht wurde die Biegeanstrengung, die bei ständiger Drehung der Probe mit 1500 Umläufen in der Minute beliebig oft ertragen werden kann, ohne den Bruch der Probe herbeizuführen. Die Probestäbe waren sorgfältig gedreht und poliert; ihr Durchmesser betrug 7,6 mm. Das Probematerial enthielt 0,49% Kohlenstoff. Die Streckgrenze betrug $\sigma_s = 49$ kg/mm², die Zugfestigkeit $K_z = 68$ kg/mm². Die Schwingungsfestigkeit des Baustoffs ist zu $D_s = 33,7$ kg/mm² ermittelt worden.

Weitere Probestäbe waren vor dem Dauerbiegeversuch 20 mal um 15, 30, 40, 50 und 70% über die Schwingungsfestigkeit durch Zugkräfte belastet worden, so daß die 20 malige Vorbelastung betrug:

$$k_z = 3880 \qquad 4387 \qquad 4724 \qquad 5062 \qquad 5736 \text{ kg/cm}^2.$$

Nach der 20 maligen Zugbelastung fand keinerlei Nachbearbeitung der Proben statt. Dies erscheint nicht unwesentlich, weil die über die Streckgrenze belasteten Stäbe infolge der Überlastung die Politur verloren hatten und mehr oder minder rauh geworden waren. Schon durch diese Änderung der Oberflächenbeschaffenheit war eine Verringerung der Schwingungsfestigkeit zu erwarten, wie andere Versuche gezeigt hatten (vgl. S. 14 ff).

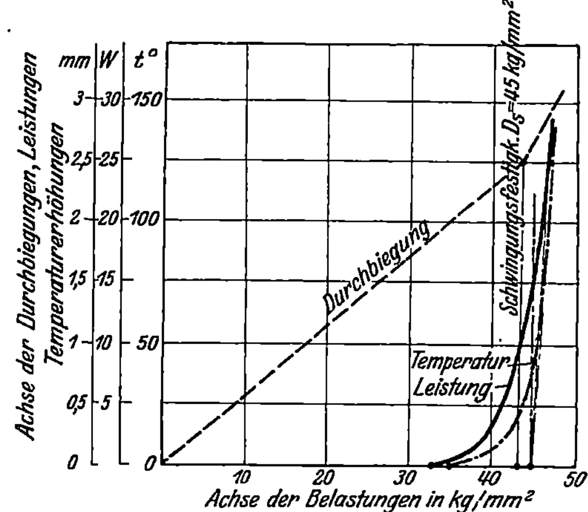

Abb. 47. Chrom-Nickelstahl mit $K_z = 78$ kg/mm² und $\sigma_s = 47,5$ kg/mm².

Eine Reihe der überlasteten Stäbe wurde unmittelbar nach der Zuganstrengung dem Dauerbiegeversuch unterworfen. Für die Schwingungsfestigkeit ergaben sich dann die in der Abb. 48 durch den ausgezogenen Linienzug dargestellten Ergebnisse. Hieraus ist ersichtlich, daß die 20 malige Zuganstrengung, die die Schwingungsfestigkeit D_s um 15 bzw. 30% überschritt, aber erheblich unter der Streckgrenze blieb, die Größe von D_s nicht deutlich beeinträchtigte; erst durch Zugbelastungen, die nahe der Streckgrenze lagen oder diese überschritten, konnte die Schwingungsfestigkeit ausgeprägt vermindert werden, im ungünstigsten Fall um 23%.

---

[1] Moore und Jasper: Bulletin 136 der Engineering Experiment Station, University of Illinois 1923, S. 60 ff.

Weitere Stäbe lagen nach der Zugbelastung während einer Stunde in kochendem Wasser und kühlten dann langsam ab. Hieran schloß sich der Dauerversuch. Die Ergebnisse sind in dem strichpunktierten Linienzug der Abbildung angegeben. Dieser Linienzug deckt sich nahezu mit dem vorhin beschriebenen ausgezogenen Linienzug.

Schließlich ist die Prüfung einer dritten Reihe der Stäbe 3 Monate nach der Zugbelastung begonnen worden. Die Abbildung enthält die Ergebnisse in dem gestrichelten Linienzug; er verläuft nicht wesentlich anders als die beiden anderen Linienzüge.

Im ganzen erhellt aus den Versuchen — durchgeführt mit ursprünglich polierten Stäben von 7,6 mm Durch-

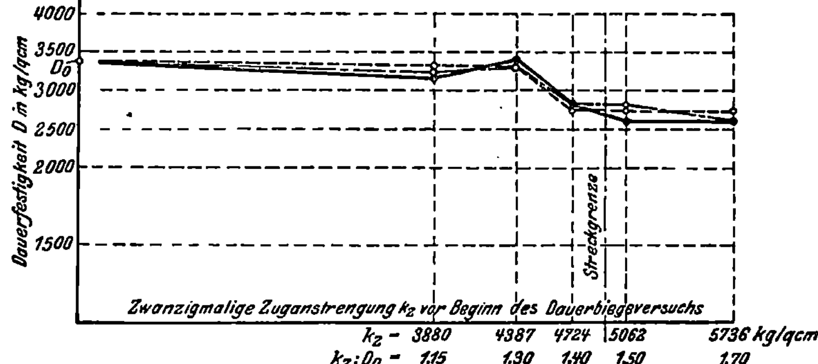

Abb. 48. Nach Moore und Jasper, Bulletin 136 der Engineering Experiment Station of the University of Illinois, 1923.
——— Dauerversuch unmittelbar nach der Axialzuganstrengung k_z.
– • – • – Probestab, nach dem Recken mit der Anstrengung k_z eine Stunde lang in kochendes Wasser gelegt und dann langsam über Nacht abgekühlt, hierauf Dauerversuch.
– – – – Dauerversuch 3 Monate nach dem Recken mit k_z.

messer —, daß 20malige Zugbelastungen nahe der Streckgrenze und darüber hinaus die Schwingungsfestigkeit um rund $1/_5$ vermindert haben.

Zur Beurteilung dieses Ergebnisses wird nach dem Vorgang zu suchen sein, der bei der Überlastung der Stäbe als Ursache des Rückgangs der Schwingungsfestigkeit hauptsächlich in Betracht kommt. Es ist u. a. zu fragen, ob bei der Bearbeitung der Stäbe mehr oder minder geschwächte Kristallite an der Staboberfläche die Einleitung der Zerstörung begünstigen, ob die bei der Überlastung der Probestäbe entstandene Veränderung der Oberflächenbeschaffenheit das Wichtigere ist usw. In dieser Hinsicht dürften ältere Feststellungen von Moore und Kommers heranzuziehen sein[1]. Von heißgewalzten Rundeisen mit $1/_2''$ Durchmesser wurden Probestücke über die Fließgrenze gestreckt, bis sich der Durchmesser auf 0,48'' vermindert hatte. Weitere Stäbe

---

[1] Moore und Kommers: Bulletin 124 der Engineering Experiment Station, University of Illinois 1921, S. 104ff.

sind noch höher, etwa bis zur Höchstlast (Zugfestigkeit) angestrengt worden, wobei der Durchmesser auf 0,44″ abnahm. Eine dritte Reihe Stäbe wurde um 45° kalt gebogen und dann wieder kalt gerichtet. Hierauf sind alle kalt gereckten Stäbe bei 260° während 15 Minuten angelassen worden. Dann wurden die Stäbe zum Dauerbiegeversuch herausgearbeitet und poliert. Der Durchmesser aller fertig bearbeiteten Stäbe betrug bei Beginn des Dauerversuchs 0,3″. Außerdem sind Stäbe für gewöhnliche Zugversuche hergerichtet worden. Dauerbiegeversuche unter fortdauernder Drehung des Probestabs.

Zusammenstellung 2.

Material	Schwingungsfestigkeit D_s	Streckgrenze σ_s	Zugfestigkeit K_z
Material im Einlieferungszustande	19,6	28,2	43,1 kg/mm²
Stäbe, die vor dem Abdrehen von $d = 0,5″$ auf $d = 0,48″$ gereckt worden sind	24,5	44,3	47,3 „
Stäbe, die vor dem Abdrehen von $d = 0,5″$ auf $d = 0,44″$ gereckt worden sind	28,9	—	51,4 „
Stäbe, die um 45° gebogen waren und dann gerichtet wurden	21,0	—	— „

Nach dem bisher Bekannten würden zeitweilige, in der Zahl eng begrenzte Überlastungen vor der Bearbeitung des Materials die Schwingungsfestigkeit D_s nicht vermindern, wohl aber Überlastungen, die unmittelbar vor dem Dauerversuch am fertigen Probestab nähe der Streckgrenze liegen oder diese überschreiten. Vor der Bearbeitung der Proben einmal vorgerecktes, also verfestigtes Material lieferte erhöhte Dauerfestigkeit, wobei das Verhältnis $D_s : K_z$ in den bereits bekannten Grenzen blieb.

Über Versuche mit Drähten zu Drahtseilen, die bekanntlich bei ihrer Herstellung stark gereckt werden, hat Scoble berichtet[1]. Die Schwingungsfestigkeit der Drähte ($K_z = 125$ bis 170 kg/mm²) fand sich zwar höher als bei geglühten Drähten, jedoch betrug das Verhältnis $D_s : K_z$ nur rund 0,2.

XV. Einfluß oftmaliger Belastung und Entlastung unterhalb der Dauerfestigkeit.

Unter den üblichen Verhältnissen erfährt das Material vorwiegend Anstrengungen unterhalb der Dauerfestigkeit. Belastungen, die gegebenenfalls nahe der Dauerfestigkeit liegen, wechseln mit Belastungen,

---

[1] Scoble: Proceedings of the Institution of Mechanical Engineers 1928, S. 377 ff., sowie das Referat von Püngel in Stahl und Eisen 1928, S. 1719.

die kleiner sind. Moore und Jasper[1] fanden, daß die Schwingungsfestigkeit D_s für geglühte Stähle durch kleinere Vorbelastungen deutlich gehoben wurde im Sinne der Seite 28 bis 30 dargelegten Beobachtungen, wonach sich die Elastizitätsgrenze erst allmählich ausbildet. Bei gehärteten Stählen wurde die Schwingungsfestigkeit D_s durch oftmalige Anstrengung unterhalb D_s nicht gesteigert. Bei Beurteilung dieser Ergebnisse dürfte zu beachten sein, daß die Vorbelastungen nahe der Dauerfestigkeit lagen. Ob eine Übertragung auf die praktischen Verhältnisse angängig ist, bedarf weiterer Untersuchung, da erst zu prüfen sein wird, ob kleinere Vorbelastungen von Einfluß sind, ob Ruhepausen Bedeutung haben usw.

Auch Herold konnte die Schwingungsfestigkeit durch oftmalige Vorbelastung mit geringeren Anstrengungen steigern[2].

Bei Beanspruchung des Materials unter höherer Temperatur sind die Vorbelastungen von erheblichem Einfluß (vgl. später S. 55 f.).

XVI. Einfluß von Vorspannungen auf die Dauerfestigkeit des Stahls.

Vorspannungen des Materials, von der Verarbeitung, der Wärmebehandlung, der Formgebung usw. herrührend, werden die Dauerfestigkeit vermindern, wenn die Vorspannungen an den meist beanspruchten, für die Widerstandsfähigkeit maßgebenden Stellen Spannungserhöhungen bewirken[3]. Sachs[4] hat berichtet, daß im Material einer Kolbenstange, die wiederholt unerwartet gebrochen ist, Längsspannungen bis 32 kg/mm² gefunden wurden.

XVII. Über Maßnahmen zum Auffinden etwaiger Anrisse.

Durch rechtzeitiges Auffinden von Anrissen, die durch oftmalige Überanstrengung des Materials entstehen, können ernste Unfälle vermieden werden. So ist es üblich geworden, die Räder der Lokomotiven und Wagen der Eisenbahn regelmäßig durch Anschlagen mit einem Hammer zu untersuchen; gesprungene Reifen geben einen andern Klang als solche, die in Ordnung sind.

Die Deutsche Reichsbahn hat Merkblätter herausgegeben, die u. a. für das Auffinden von Rissen in Achswellen der Lokomotivradsätze folgendes enthalten: Die zu untersuchenden Stellen werden mit

---

[1] Moore und Jasper: Bulletin 142 der Engineering Experiment Station, University of Illinois 1924, S. 27 ff.

[2] Arch. f. d. Eisenhüttenwesen, 2. Jg., H. 1, S. 23 ff.

[3] Vgl. Mailänder im „Werkstoffhandbuch Stahl und Eisen" D 11, S. 8; Berthold in Z. Metallkunde 1928, S. 378 ff. („Was leistet die Röntgenforschung für die Praxis"); Keller: American Society for Steel Treating 1925 (Why Metal warps and cracks).

[4] Sachs: Metallwirtschaft 1928, S. 1277.

Schlemmkreide bestrichen. Wird dann die Achswelle zwischen Körner-spitzen gespannt und mit dem Holzhammer beklopft, so werden hierbei etwaige Anbrüche in Erscheinung treten.

Andere verweisen auf das Eisenstaubverfahren von Rawdon[1]. Die Stücke werden zunächst, soweit nicht hinreichender, remanenter Magne-tismus vorhanden ist, schwach magnetisiert; dann folgt Bestreichen mit einer Mischung von feinstverteiltem Eisenstaub in Öl. Dieses Ver-fahren soll es möglich machen, Risse festzustellen, die so fein sind, daß sie mit einer einfachen Lupe nicht gefunden werden können. Es beruhe darauf, daß die Eisenteilchen an den Stellen, an denen der Fluß der ma-gnetischen Kraftlinien durch einen Riß unterbrochen ist, eine Brücke bilden, die als dunkle Linie sichtbar werde[2,3].

Moore und Kommers empfehlen Ölen des zu untersuchenden Teils (Wellen, Scheiben u. a.), dann Abwischen, hierauf Streichen mit Schlemmkreide (in Alkohol). Nach dem Trocknen des Anstrichs wird die Probe in Bewegung gesetzt und dabei beklopft. Das in etwaige Risse eingedrungene Öl werde herausgedrückt; es zeichne die Risse in dem weißen Anstrich.

Wohl am zuverlässigsten, aber nicht immer anwendbar, ist folgendes Verfahren: Polieren der zu untersuchenden Fläche, Ätzen derselben und Beobachtung des Zustandes mit dem Mikroskop oder mit einer hoch-wertigen Lupe.

Bei Drahtseilen beginnt die Zerstörung unter ordnungsmäßigem Gebrauch durch den Bruch einzelner Drähte, so daß rechtzeitiger Um-tausch der Seile in der Regel möglich ist (weiteres s. S. 80).

XVIII. Einfluß der Stabform. Versuche mit Stäben, die örtliche Spannungserhöhungen aufweisen.

Schon Wöhler[4] hat durch Dauerversuche nachgewiesen, daß um-laufende Wellen, die scharf abgesetzt sind, unter bedeutend kleineren Lasten brechen als Wellen gleicher Durchmesser, die mit Hohlkehle abgesetzt sind. Das Verhältnis der Lasten betrug etwa 2:3 bis 3:4. Auch die Zugversuche Wöhlers ließen einen deutlichen Einfluß der Art des Übergangs vom mittleren schwächsten Stabteil in die stärkeren Stabteile an den Enden erkennen[5].

[1] Vgl. Stahl und Eisen 1928, S. 1097; ferner Moore: Manual of Endurance of Metals 1927, S. 51.

[2] Vgl. auch Moore und Kommers: The Fatigue of Metals, S. 228ff., sowie Bailey: Proceedings der Institution of Mechanical Engineers 1928, Bd. 1, S. 431ff.

[3] Ein anderes Verfahren (Magnetic Analysis as a test for fatigue strength of steel) haben Moore und Jasper im Bulletin 152 der Engineering Experiment Station of the University of Illinois 1925, S. 34ff. beschrieben.

[4] Wöhler: Z. Bauw. 1866, Spalten 67ff.

[5] Wöhler: Z. Bauw. 1870, Spalten 100ff.

Föppl[1] hat mit den in Abb. 49 wiedergegebenen Biegeversuchen gezeigt, daß schroffe Übergänge eine bedeutende Verschwächung des gebogenen Stabs bedeuten. Bei den in Abb. 49 dargestellten Versuchskörpern besaß der schwächste Stabteil 20 mm Durchmesser; im ersten Fall erfolgte der Übergang zum Stabkopf allmählich; im zweiten und dritten Fall war der Durchmesser von 20 mm nur in einer Eindrehung vorhanden, einmal mit $r = 4$ mm, das andere Mal mit $r = 1$ mm ausgerundet. Die Widerstandsfähigkeit des letzten Stabs betrug nur $^6/_{10}$ des ersten.

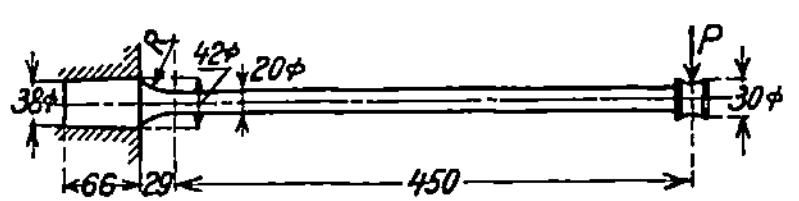

Ähnliche Feststellungen sind den Zugversuchen mit Rundstäben nach Abb. 50 zu entnehmen[1].

Stabform	138 000 Belastungswechsel zwischen $-\sigma$ und $+\sigma$ wurden getragen bei	Stabform	269 000 Belastungswechsel zwischen 0 und $+\sigma$ wurden getragen bei
	$\sigma = 2945$ kg/cm²	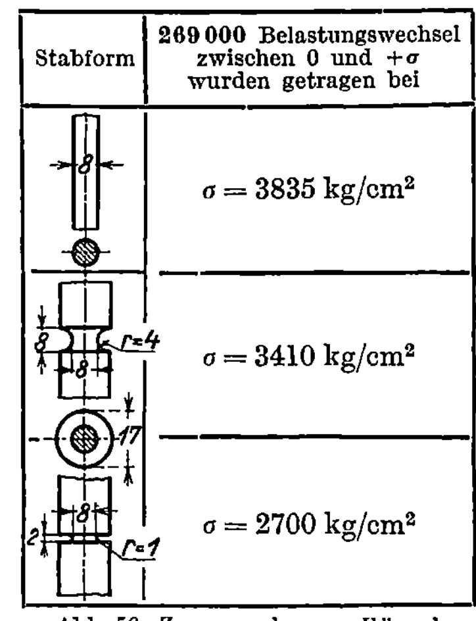	$\sigma = 3835$ kg/cm²
	$\sigma = 2320$ kg/cm²		$\sigma = 3410$ kg/cm²
	$\sigma = 1840$ kg/cm²		$\sigma = 2700$ kg/cm²

Abb. 49. Biegeversuche von Föppl.

Abb. 50. Zugversuche von Föppl.

Die Abminderung der Festigkeit der nach Abb. 49 und 50 eingedrehten Stäbe ist die Folge von Spannungserhöhungen, die beim Kraftfluß in die Eindrehungen und aus den Eindrehungen auftreten, wenn der Übergang nicht allmählich stattfindet.

Weitere Aufschlüsse brachten die Versuche von Stodola und Schüle[2]. Die wichtigsten Ergebnisse dieser Untersuchungen sind in Abb. 51 und 52 wiedergegeben. Es handelt sich um Wellen, die bei 250 bis 300 minutlichen Umläufen auf Biegung beansprucht waren. Der mittlere Stabteil mit dem Durchmesser d_0 war mit verschiedener Ausbildung der Hohlkehle an die Stabteile mit dem Durchmesser d_1 angeschlossen ($r = 0$ bis $r = 5$ mm), auch das Verhältnis $d_0 : d_1$ war ver-

---

[1] Föppl: Mitt mechan.-techn. Laboratorium der K. Techn. Hochschule München 1909, H. 31.

[2] Stodola und Schüle: Schweiz. Bauzeitung Bd. 71, S. 145ff. 1918.

schieden. Deutlich erhellt aus Abb. 51 und 52, daß die Widerstandsfähigkeit mit wachsender Ausrundung der Übergänge bedeutend gewachsen ist. Die Anstrengung $\sigma = \pm 2500$ kg/cm² wurde mit $r = 0$ nur rund 55000 mal ertragen, während mit $r = 2$ mm rund 285000 Umdrehungen und mit $r = 5$ mm rund 705000 Umdrehungen bis zum Bruch nötig waren. Je kleiner das Verhältnis $d_0 : d_1$ gewählt war, um so stärker trat die Schwächung durch die Hohlkehle hervor.

Die Bedeutung der Gestaltung der Ausrundung erhellt weiter aus Versuchen von Moore und Kommers mit rotierenden Stäben nach Abb. 53 bis 57. Kennzeichnende Ergebnisse finden sich

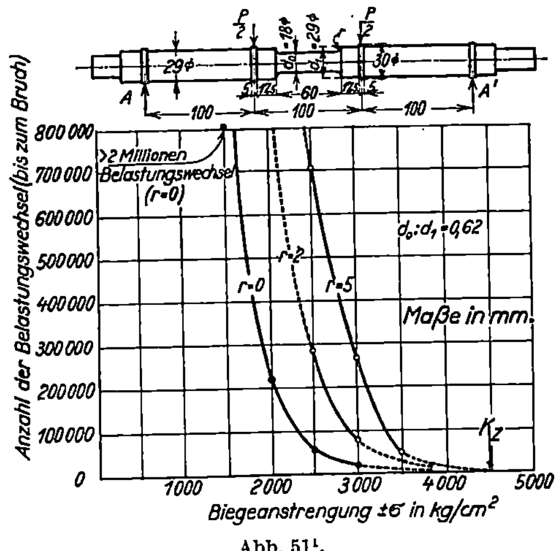

Abb. 51[1].

in Abb. 58. Die Schwingungsfestigkeit D_s fand sich für Stäbe mit scharfer Eindrehung nur zu etwa $^4/_{10}$ der Werte für Stäbe nach Abb. 54, die sich von denen nach Abb. 53 nicht ausgeprägt unterscheiden und nur wenig größer ausfielen als für Abb. 55[2].

Die Feststellungen nach Abb. 51, 52 und 58 geben u. a. die Erklärung für den Wellenbruch nach Abb. 59. Die Welle besaß bei a einen scharfen Übergang vom bearbeiteten zum rohen Teil. Brüche dieser

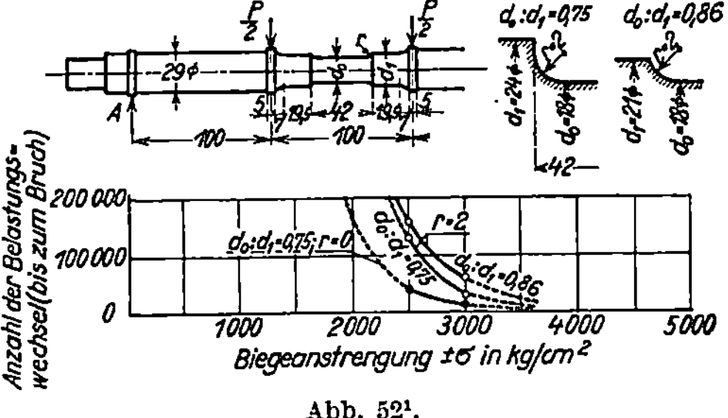

Abb. 52[1].

Art sind nicht selten aufgetreten; sie wurden vermieden durch Bearbeitung der ganzen Welle und Beseitigung der Drehriefen.

Auch Abb. 60 zeigt einen Wellenbruch, in diesem Fall infolge örtlich anschwellender Anstrengung durch die Keilnut.

Ähnliches ist aus Abb. 61 zu entnehmen, von einer auf Verdrehung beanspruchten Welle stammend. Das Bruchbild besagt, daß der Bruch jeweils in der einen Ecke der Nuten begann.

---

[1] Streckgrenze: 3159 und 3245 kg/cm², Zugfestigkeit: 4417 und 4540 kg/cm².
[2] Über Versuche von Müller und Leber vgl. unter XXI, S. 64ff.

Stahl Nr. 10 mit 0,49 vH Kohlenstoff.
(Probekörper vor dem Dauerversuch erhitzt auf 927°C, Temperatur 20 Min. auf 927°C gehalten, abgekühlt in Luft; dann erhitzt
auf 774°C, abgekühlt in Wasser, wiedererhitzt auf 649°C und
langsam im Ofen abgekühlt).

	Stabform (Maße in mm)	Schwingungs- festigkeit D_s kg/cm²
Abb. 53.	a)	3370 (1,00)
Abb. 54.	b)	3320 (0,99)
Abb. 55.	c)	3100 (0,92)
Abb. 56.	d) Halszapfen	1650 (0,49)
Abb. 57.	e)	1300 (0,39)

Abb. 53 bis 57 (vgl. auch Abb. 58).

Stahl Nr. 10 mit 0,49 vH Kohlenstoff.
(Probekörper vor dem Dauerversuch erhitzt auf 927°C,
Temperatur 20 Min. auf 927°C gehalten, abgekühlt in
Luft; dann erhitzt auf 774°C, abgekühlt in Wasser,
wiedererhitzt auf 649°C und langsam im Ofen ab-
gekühlt).

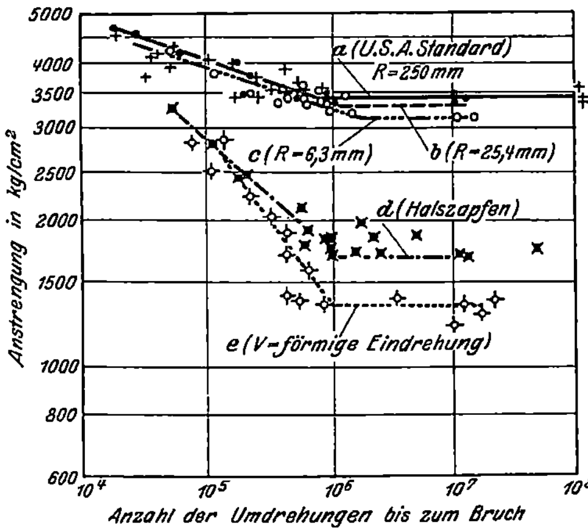

(die Probekörper, die mehr als 10^7 Umdrehungen
getragen haben, sind nicht gebrochen)

Abb. 58.

In Abb. 62 ist das Ende einer Eisenbahnschiene wiedergegeben, die im Gebiet der rechts ersichtlichen Bohrung
einen Riß aufweist. Aus Abb. 63 geht hervor, daß der-
artige Risse von den Bohrun-
gen ausgehen, weil dort Span-
nungsschwellungen auftreten.
Selbstverständlich hat hier
auch die Korrosion des Stahls
die Widerstandsfähigkeit vermindert.

Die gleichen Umstände
sind im Fall Abb. 64 beteiligt,
welche den spröden Bruch
einer oftmals überanstrengten
Eisenbahnschwelle darstellt.

Die Wirkung örtlicher
Spannungserhöhungen in ge-

lochten Zugstäben ist vor allem durch die Versuche von Föppl[1] und Preuß[2] bekannt geworden. Preuß hat durch Messungen nachgewiesen,

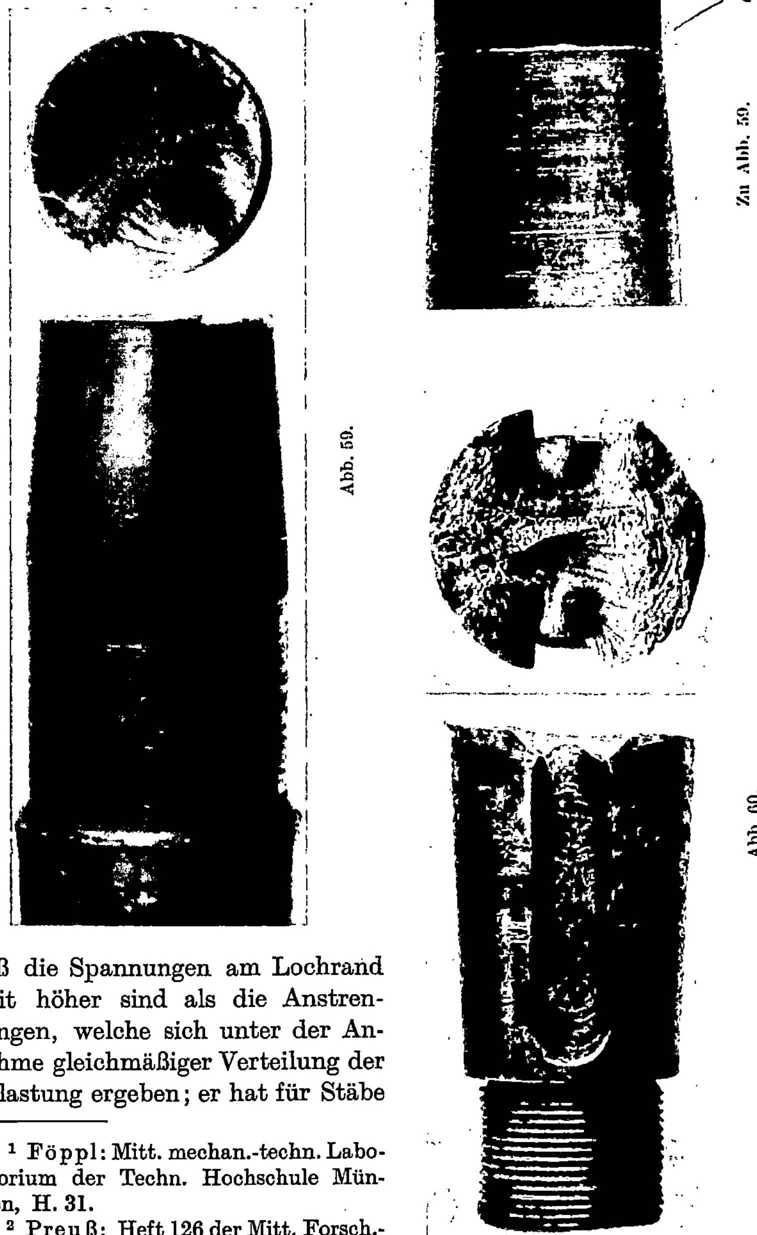

daß die Spannungen am Lochrand weit höher sind als die Anstrengungen, welche sich unter der Annahme gleichmäßiger Verteilung der Belastung ergeben; er hat für Stäbe

[1] Föppl: Mitt. mechan.-techn. Laboratorium der Techn. Hochschule München, H. 31.

[2] Preuß: Heft 126 der Mitt. Forsch.-Arb. 1912.

nach Abb. 65 festgestellt, daß die Anstrengung am Lochrand das rund 2,3fache der mittleren Anstrengung beträgt.

Diese Messungen gelten für Belastungen, die von bleibenden Form-änderungen nicht begleitet sind. Wird die Anstrengung beim gewöhn-lichen Zugversuch über die Fließgrenze

Abb. 61.

Abb. 62.

gesteigert, so ist bei weichem Stahl ein gewisser Ausgleich der An-strengungen zu erwarten, an dem Auftreten von Fließfiguren — vom Lochrand aus — erkennbar, Abb. 66 und 67. Der Bruch erfolgt beim statischen Zug-versuch gemäß Abb. 68, wobei die auf die Ein-heit des ursprünglichen Querschnitts entfal-lende Belastung mit weichem Stahl höher ausfällt als beim nicht gelochten Stab, weil die Querdehnung des Materials am Lochrand gehindert ist. Die Un-gleichförmigkeit der Verteilung der Span-nungen über den Quer-schnitt, wie sie nach Abb. 65 vorhanden ist, solange das Material bleibende Dehnungen nicht erfährt, tritt also bei zähem Material in

Abb. 63.

bezug auf die Größe der Höchstlast nicht festigkeitsmindernd auf[1]. Bei harten Stählen macht sich die Bohrung in bezug auf die Höchstlast immerhin derart geltend, daß das Mehr der Zugfestigkeit gelochter Stäbe relativ kleiner wird; der Bruch geht vom Lochrand aus, Abb. 69.

Nach dem Gesagten ist zu erwarten, daß das Verhalten von gelochten Stahlstäben unter oftmals wiederholter Beanspruchung durch den gewöhnlichen Bruchversuch keinesfalls erkundet werden kann, weil die Spannungserhöhung am Lochrand durch die Überlastung beim Bruchversuch zurücktritt. Über das Verhalten bei oftmaliger Belastung und Entlastung geben die in Abb. 70 wiedergegebenen Versuche von Föppl einigen Aufschluß, wenn auch zu bemerken ist, daß die Untersuchungen der Ergänzung bedürfen. Nach Abb. 70 hat der gelochte Stab unter sonst

Abb. 64.

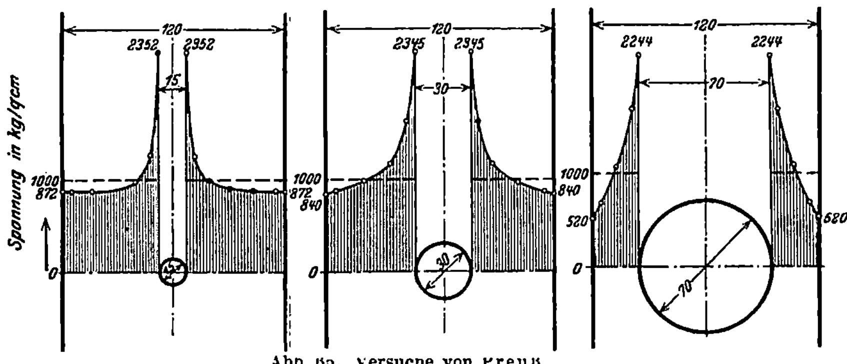

Abb. 65. Versuche von Preuß.

gleichen Umständen nur 2745 kg/cm² getragen, während der Vollstab 3990 kg/cm² aufnahm. Das Verhältnis der Tragfähigkeit war hier 2745:3990 = rund 0,7. Die örtliche Spannungserhöhung, wie sie im elastischen Bereich am Lochrand (nach Preuß zu 1:2,3) auftritt, ist

---

[1] Vgl. Bach-Baumann: Elastizität und Festigkeit, 9. Aufl., S. 160.

Abb. 66.

Abb. 67.

unter den gewählten Umständen nur teilweise zur Geltung gekommen[1]. Weitere Untersuchungen sind eingeleitet.

Daß bei oftmals wiederholter Belastung die Anstrengung am Lochrand maßgebend gewesen ist, zeigt das in Abb. 71 wiedergegebene Bruchbild[2]. Am Lochrand begann der Bruch als spröder Dauerbruch, ohne erkennbare Einschnürung. Im dargestellten Stab erfolgte der Gewaltbruch nach 82000 Belastungen (rechts und links) über dem bis dahin verbliebenen Querschnitt, in Abb. 71 durch Reckung und Querschnittsverminderung deutlich hervortretend.

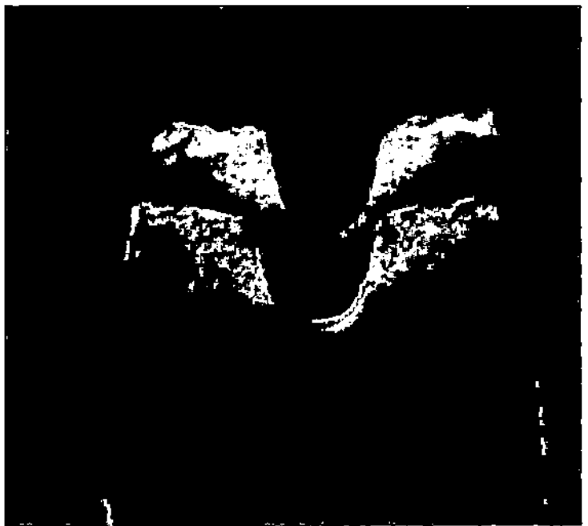

Abb. 68.

Beispiele, welche die Verringerung der Widerstandsfähigkeit von Maschinenteilen durch Bohrungen dartun, sind in großer Zahl bekannt ge-

---

[1] Vgl. das S. 17 über die Kerbempfindlichkeit der Werkstoffe Gesagte.

[2] Die Abb. 68 und 71 gehören zu Proben, die aus den Versuchen von Föppl stammen. Das mechan.-techn. Laboratorium der Techn. Hochschule München hat die Proben zur photographischen Aufnahme zur Verfügung gestellt.

worden. Abb. 72[1] zeigt den Bruch von einem Triebstangenschloß. Die
Löcher waren abweichend von der Zeichnung zu tief gebohrt; der Bruch
ging von der Beschädigung aus, als welche die Austrittsstelle des Lochs a
anzusehen ist.

Abb. 69.

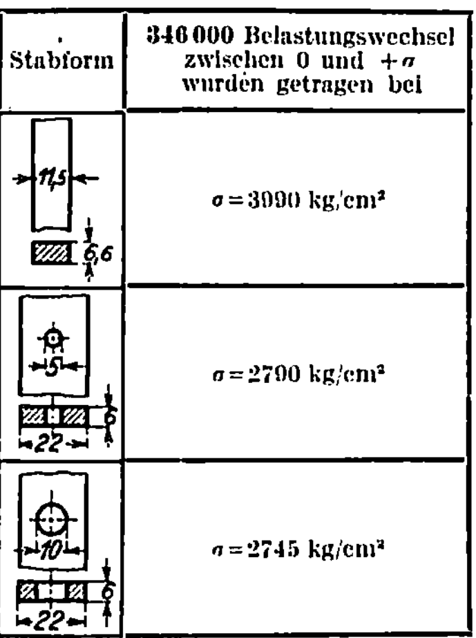

Stabform	346 000 Belastungswechsel zwischen 0 und $+\sigma$ wurden getragen bei
	$\sigma = 3090$ kg/cm²
	$\sigma = 2790$ kg/cm²
	$\sigma = 2745$ kg/cm²

Abb. 70. Zugversuche von Föppl.

Abb. 71. 82 000 Belastungen mit $\sigma = 0$ bis 3100 kg/cm². (Stab II 11
aus den Versuchen von Föppl[2].)

Abb. 73[3] zeigt einen Maschinenteil, der nach 114,7 Millionen Belastungen durch Verdrehung gebrochen ist. Der Verdrehungsriß verläuft
durch die Bohrung in der Keilnute.

---

[1] Vgl. Kühnel: Z. V. d. I. 1927, S. 557 ff.

[2] Der gewöhnliche Zugversuch mit dem in Abb. 68 wiedergegebenen Stab
lieferte $K_z = 4290$ kg/cm².

[3] Vgl. Gough: The Fatigue of Metals 1924, S. 173 ff.

Lasche und Kieser berichteten über Schlagversuche mit scharfem und mit gerundetem Schwalbenschwanz von Laufschaufeln zu Dampf-

Abb. 72.

turbinen. Auch hier hat der schroffe Übergang die Widerstandsfähigkeit stark vermindert[1].

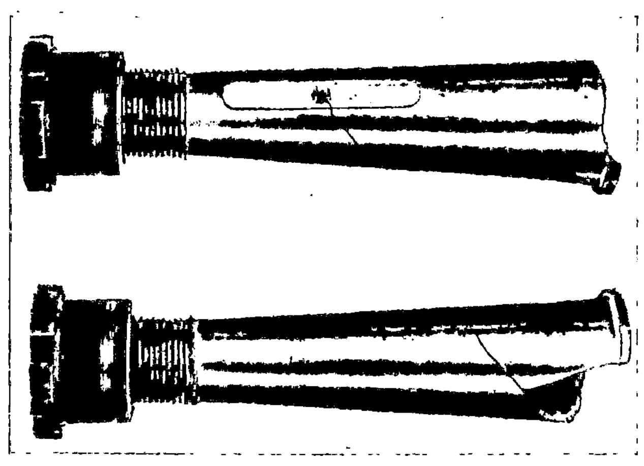

Abb. 73.

[1] Lasche und Kieser: Konstruktion und Material im Bau von Dampfturbinen und Turbodynamos, 3. Aufl., S. 65.

Brenner[1] zeigte bei Biegungsversuchen den ungünstigen Einfluß von Bunden mit scharfer Andrehung im Einklang mit dem zu Abb. 49, 51 und 52 Gesagten.

XIX. Dauerfestigkeit des Stahls bei erhöhten Temperaturen[2].

a) Versuche bei ruhender Last.

Während bei gewöhnlicher Temperatur die Dauer der Belastung ohne bedeutenden Einfluß auf die Zugfestigkeit des Stahls blieb, wenn es sich um ruhende Lasten handelte, waren bei Versuchen in höheren Temperaturen erhebliche Unterschiede festzustellen[3]. Stribeck und Bach haben auf diese Verhältnisse vor langer Zeit hingewiesen.

Anschauliche Ergebnisse hat Lea[4] bekanntgegeben. Er suchte für verschiedene Stähle unter bestimmten Temperaturen die Last, bei der das anfänglich einsetzende Dehnen in einer gewissen Zeit eben noch zum Stillstand kommt, von ihm creep limit (Kriechgrenze) genannt. Für größere Lasten ist angenommen, daß fortschreitende Formänderung bis zum Bruch stattfinde. Abb. 74 zeigt eine Darstellung von Lea, geltend für Stahl mit 0,39% C, bei 500° C geprüft; die Kriechgrenze würde in diesem Fall mindestens bei 6 t/sq. inch (930 kg/cm²) liegen.

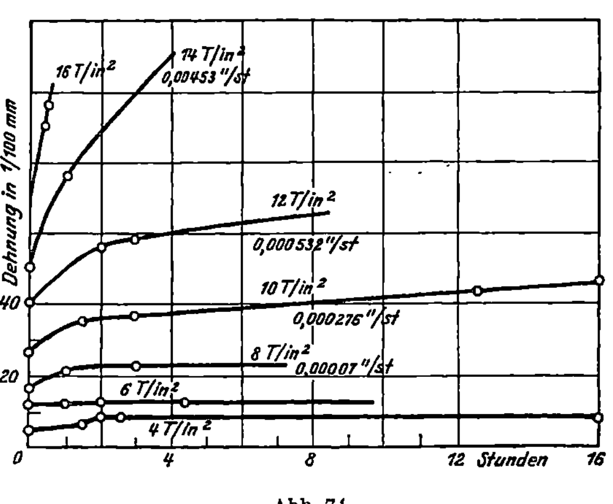

Abb. 74.

French und Tucker[5] entnahmen ihren Versuchen, ebenfalls mit ruhender Zugkraft durchgeführt, daß die beim gewöhnlichen Zugversuch

[1] Z. V. d. I. 1928, S. 1884.

[2] Über die Dehnungszahl der Federung bei höheren Temperaturen vgl. R. Baumann: Forsch.-Arb. H. 295, herausgegeben vom Verein deutscher Ingenieure, 1927, S. 1ff.; French: Technologic Paper 219 des Bureau of Standards 1922.

[3] Vgl. u. a. Stribeck: Z. V. d. I. 1904, S. 897ff; Pomp und Dahmen: Mitt. Kaiser-Wilhem-Institut f. Eisenforsch. Bd. IX, Liefg. 3, Abhandlung 74. Die Arbeit von Pomp und Dahmen enthält eine treffliche Übersicht der Ergebnisse der neueren Forschung.

[4] Lea: Proceedings of the Institution of Mechanical Engineers, Vol. II, S. 1053ff. 1924.

[5] French und Tucker: Technologic Paper 296 des Bureau of Standards 1925.

ermittelte Proportionalitätsgrenze σ_p der Belastung nahekomme, welche bei hohen Temperaturen dauernd getragen werden könne. Bei Temperaturen unter rund 400° könne diese Belastung überschritten werden, weil sich der Stahl in diesem Bereich bei Überschreiten von σ_p verfestige

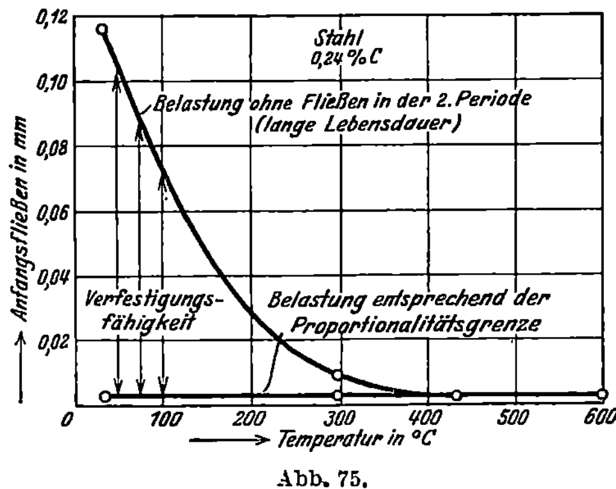

Abb. 75.

(vgl. Abb. 75)[1]. Diese Anschauung würde etwa besagen, daß die Dauerfestigkeit des Stahls an sich bei der Proportionalitätsgrenze liege, jedoch — abhängig von der Verfestigungsfähigkeit —darüber hinausgehen könne (vgl. dazu S. 28ff., sowie S. 43ff.).

Im Kaiser-Wilhelm-Institut für Eisenforschung zu Düsseldorf ist der Verlauf der Formänderungen bei langdauernder Zugbelastung weiter verfolgt worden[2]. Abb. 76 zeigt ein Beispiel[3]. Unter 5 kg/mm² kam die Dehnung bald zur Ruhe, unter 6 kg/mm² ebenfalls. Unter 7 kg/mm² war der Stillstand nach 20 Stunden noch nicht erreicht; in der 50. bis 68. Stunde betrug die Dehngeschwindigkeit 0,95 Millionstel Millimeter

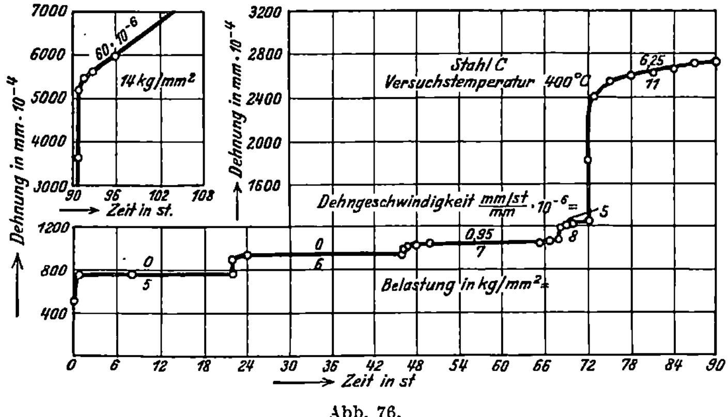

Abb. 76.

in der Stunde. Bei Steigerung der Belastung nahm die Dehngeschwindigkeit erheblich zu, wie Abb. 76 zeigt. Hierzu sagen Pomp und Dahmen:

---

[1] Der in Fußnote 3 bezeichneten Arbeit von Pomp und Dahmen entnommen.
[2] Körber: Z. Metallkunde 1928, S. 45ff.
[3] Pomp und Dahmen: Mitt. Kaiser-Wilhelm-Institut für Eisenforsch., Bd. IX, Liefg. 3, Abhandlung 74.

„Das Abklingen der Dehnung mit der Zeit wird durch die beim Recken auftretende Verfestigung verursacht. Bei allen unterhalb der Rekristallisationstemperatur liegenden Prüftemperaturen ist daher ein allmähliches Abklingen der Dehnung mit der Zeit zu erwarten. Bei sehr hohen Belastungen wird jedoch die infolge der Verfestigung eintretende Festigkeitssteigerung von der durch die Querschnittsverminderung bewirkten Spannungserhöhung übertroffen, so daß ein fortgesetztes Dehnen bis zum Eintritt des Bruches erfolgt. Mit steigender Versuchstemperatur bzw. konstanter Temperatur und steigendem Reckgrad wird die Rekristallisationsgeschwindigkeit rasch zunehmen, so daß schon bei

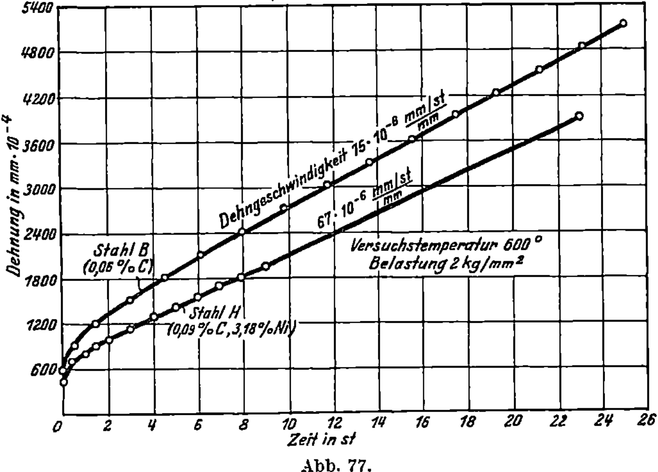

Abb. 77.

verhältnismäßig niedrigen Belastungen, infolge der eintretenden Entfestigung, mit einem dauernden Dehnen des Werkstoffes zu rechnen ist.“

Die Vermutung, daß Eisen mit geringem Kohlenstoffgehalt und ohne besondere — bei höherer Temperatur festigkeitserhöhende — Beimengungen bei oberhalb der Rekristallisationstemperatur gelegenen Wärmegraden ein gleichmäßiges Dehnen aufweist, das auch bei niedrigen Belastungsstufen nicht zum Stillstand kommt, scheint u. a. durch die Versuche an Stahl B und H bei Prüftemperaturen von 600°, d. h. bei Wärmegraden oberhalb der Rekristallisationstemperatur bestätigt, sofern aus Versuchen, die nur 22 und 25 Stunden dauern, ein solcher Schluß gezogen werden kann. Der Verlauf der Dehnungszeit-Schaulinien für eine Belastung von 2 kg/mm² ist in Abb. 77 wiedergegeben.

Über das Verhalten bei 300°, also im Gebiet der Verfestigung, geben Versuche von Rosenhain und Hanson[1] Auskunft; sie wurden unter

---

[1] Rosenhain und Hanson: The Journal of the Iron and Steel Institute Bd. 116, S. 117ff. 1927.

Zusammenstellung 3. Zugversuche bei 300° C. (Aus: The Journal of the Iron and Steel Institute, London, Bd. 116, 1927, S. 119.)

1	2	3	4	5	6	7	8	9	10	11
			Vor dem Versuch		Nach dem Versuch		Zug-anstrengung während des Versuchs[1]	Zugfestigkeit	Änderung der	
Bezeichnung	Behandlung	Mikroskopisches Gefüge	Breite b	Dicke d	Breite b'	Dicke d'			Breite $b-b'$	Dicke $d-d'$
			mm	mm	mm	mm	kg/cm²	kg/cm²	mm	mm
A 9	Erhitzt auf 900 °C; langsam abge-kühlt von 720 °C bis 650° C	Freier Zementit an den Rändern der Ferrit-Kristalle	2,565	0,516	2,553	0,498	760	2300	0,012	0,018
A 10			2,563	0,521	2,535	0,513	1120		0,028	0,008
A 11			2,553	0,521	2,525	0,505	1500		0,028	0,016
A 14	Normalisiert bei 900°	Ferrit-Perlit (kleines Gefüge)	2,540	0,526	2,532	0,508	1050	3500	0,008	0,018
A 15			2,545	0,518	2,520	0,503	1670		0,025	0,015
A 16			1,905	0,518	1,814	0,503	2280		0,091	0,015
A 32	Kalt bearbeitet, dann 4 Tage bei 650° C geglüht	Ferrit + kugeliger Zementit	2,555	0,495	2,545	0,495	790	2300	0,010	0
A 33			2,535	0,518	2,522	0,500	1140		0,013	0,018
A 34			2,545	0,541	2,545	0,559	730		0	(—0,018)
A 36			2,537	0,508	2,527	0,508	1550		0,010	0
A 37	Kaltgewalzt	Große, verzerrte Ferritkörner	2,527	0,495	2,527	0,490	1280	3700	0	0,005
A 38			2,540	0,516	2,540	0,505	1830		0	0,011
A 39			1,905	0,508	1,902	0,508	2480		0,003	0

[1] Auf den Querschnitt vor dem Versuch bezogen.

ruhender Last an kleinen Stäbchen bei 300° ausgeführt; die Belastung wirkte ununterbrochen $5^1/_4$ Jahre; die Heizung war während dieser Zeit nur zweimal für 1 oder 2 Tage unterbrochen. Die Ergebnisse sind in Zusammenstellung 3 eingetragen. Die Dauerbelastung betrug rund $^1/_3$, $^1/_2$ und $^2/_3$ der Zugfestigkeit. Kein Stab ist gebrochen. Deutliches Recken ist nur bei Stab A 16 beobachtet worden. Als besonders bemerkenswert fanden Rosenhain und Hanson eine erhebliche Erhöhung der Brinellhärte aller Stäbe in der Versuchsstrecke.

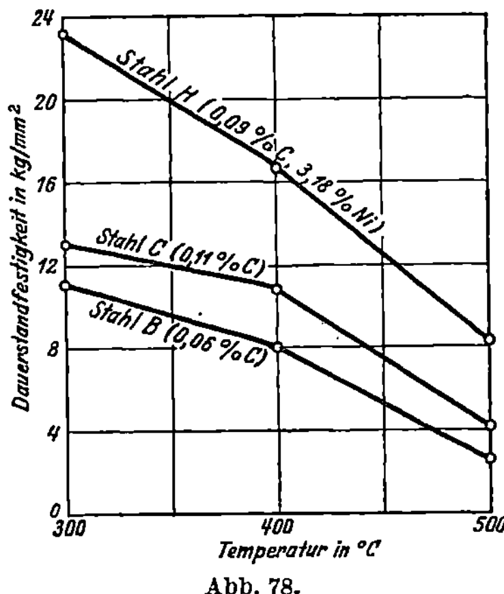

Abb. 78.

Die Höchstlast, bezogen auf die Querschnittseinheit, bei der die Dehnung des Stahls noch zum Stillstand kam, wird von Pomp und Dahmen „Dauerstandsfestigkeit" genannt; sie schlagen vor, als praktische Dauerstandsfestigkeit die Anstrengung zu wählen, mit der die Dehngeschwindigkeit nach wenigen Stunden 0,001%/st wird. Aus solchen Versuchen stammen die Abb. 76 bis 78[1]. Die Abbildungen sowie die Zusammenstellung 4 zeigen die großen, mit steigender Temperatur wachsenden Unterschiede der in gewöhnlicher Weise ermittelten Zugfestigkeit und der „praktischen" Dauerstandsfestigkeit. Ob diese Dauerstandsfestigkeit das Verhalten des Werkstoffs hinreichend kennzeichnet, ist noch nicht bekannt.

Zusammenstellung 4. Versuche von Pomp und Dahmen.

Werkstoff (Stahl)	Vorbehandlung	Zugfestigkeit K_z (Kurzversuch) kg/mm²			„Dauerstandsfestigkeit" D kg/mm²			$\dfrac{\text{„Dauerstandsfestigkeit" } D}{\text{Zugfestigkeit } K_z}$		
		300°	400°	500°	300°	400°	500°	300°	400°	500°
A (0,046% C)	geglüht	46,7	26,8	22,0	8,9	7,2	3,3	0,19	0,27	0,15
B (0,06% C)	„	35,1	27,5	20,4	11,0	7,9	2,5	0,31	0,29	0,12
C (0,11% C)	„	50,8	39,0	25,3	13,1	10,9	4,0	0,26	0,28	0,16
D (0,23% C)	„	54,5	39,1	29,7	17,0	12,1	3,7	0,31	0,31	0,12
E (0,40% C)	„	73,0	47,7	—	23,4	16,5	6,9	0,32	0,35	—
F (0,58% C)	„	83,4	76,9	62,3	24,4	17,5	10,2	0,29	0,23	0,16
G (1,00% C)	„	—	—	—	15,1	11,5	4,2	—	—	—
H (0,09% C) 3,18% Ni)	„	55,8	42,3	24,9	23,2	16,6	8,2	0,42	0,39	0,33
A (0,046% C)	} ver-	43,2	31,2	18,8	13,3	9,8	2,4	0,31	0,31	0,13
D (0,23% C)	} gütet	68,2	51,7	25,8	23,1	17,8	3,9	0,34	0,34	0,15
							Mittel:	0,31	0,31	0,16

[1] Pomp und Dahmen: Mitt. Eisenforsch. Bd. IX, Liefg. 3, Abhandlung 74.

Zusammenstellung 5 ist aus Versuchen zusammengestellt, die Körber[1] mit Kesselblechen ausgeführt hat.

Zusammenstellung 5. (Versuche von Körber.)

Blechsorte	Zugfestigkeit K_z in kg/mm² (Kurzversuch)			Dauerstandsfestigkeit D[2] kg/mm²			$D : K_z$ bei		
	300°	400°	500°	300°	400°	500°	300°	400°	500°
A_1	39,3	29,2	16,6	10,9	7,9	2,5	0,28	0,27	0,15
B_1	43,1	30,8	18,1	13,9	7,0	2,4	0,32	0,23	0,13
C_1	39,6	27,1	17,3	12,4	9,7	1,1	0,31	0,36	**0,06**
E_s	46,0	34,2	19,7	12,3	11,0	4,3	**0,27**	0,32	**0,22**
B_3	50,0	37,9	24,2	20,3	10,0	3,2	0,41	0,26	0,13
C_3	51,4	38,5	23,8	20,7	7,0	2,0	0,40	**0,18**	0,08
D_3	48,3	38,9	25,9	20,5	9,5	2,3	**0,42**	0,24	0,09
3% Ni { F_3	53,0	39,9	25,9	19,9	13,4	bei 510° 3,4	0,38	0,34	0,13
3% Ni { G_3	56,9	42,2	27,3	23,5	15,5	3,5	0,41	**0,37**	0,13

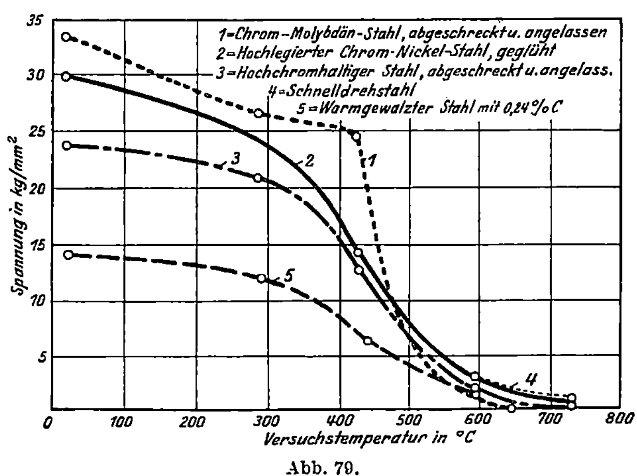

Abb. 79.

Auch hier erscheint das Verhältnis $D : K_z$ mit steigender Temperatur abnehmend und bei 500° sehr klein. Es wird besonderer Untersuchungen bedürfen, um zu erfahren, inwieweit die Dauerstandsfestigkeit nach Pomp und Dahmen als Dauerfestigkeit des Materials anzuwenden ist.

---

[1] Körber: Mitt. Eisenforsch. Bd. IX, Liefg. 22, Abhandlung 95.
[2] Nach dem von Pomp und Dahmen angegebenen Abkürzungsverfahren ermittelt.

Weitere Aufschlüsse brachten die Versuche von French, Cross und Peterson[1]; mit 5 verschiedenen Stählen sind im Temperaturbereich von rund 300 bis rund 720° C sehr langdauernde (bis rund 9000 Stunden währende) Belastungen angewandt worden. Hier ergab sich wieder, daß bei hoher Temperatur die Widerstandsfähigkeit gegen ruhende Last zunächst durch eine Dehngrenze zu beurteilen ist. Abb. 79 zeigt demgemäß die Anstrengungen, die bei 1000 Stunden höchstens 0,1 % Dehnung lieferten. Die Ergebnisse enthalten Beispiele zur Beurteilung der neueren Bestrebungen für die Schaffung von Kesselbaustählen mit besondern Zusätzen, hier u. a. mit Molybdänzusatz.

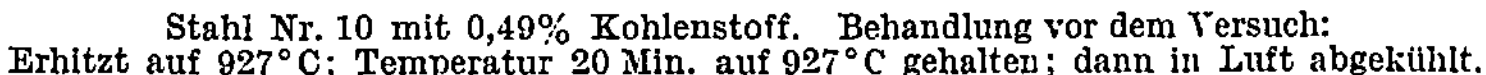

Stahl Nr. 10 mit 0,49% Kohlenstoff.   Behandlung vor dem Versuch:
Erhitzt auf 927° C; Temperatur 20 Min. auf 927° C gehalten; dann in Luft abgekühlt.

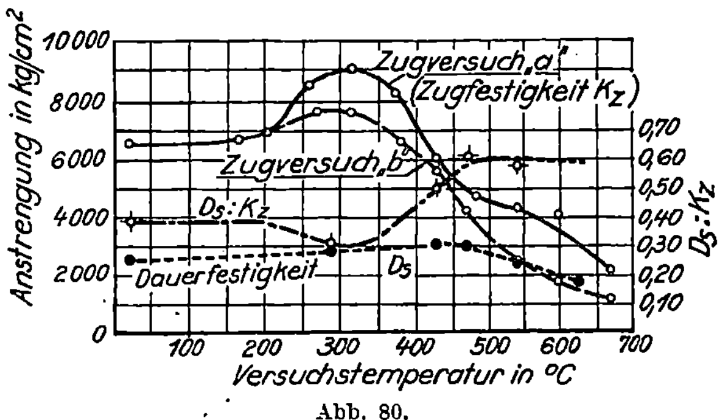

Abb. 80.

Im ganzen dürfte hier im Auge zu behalten sein, daß ruhende Lasten praktisch nur sehr selten vorkommen. Es ist vor allem geboten, Versuche mit verschieden begrenzten, langsam wirkenden Schwingungen auszuführen[2].

b) Versuche über die Schwingungsfestigkeit des Stahls bei hoher Temperatur.

Moore und Jasper[3] haben die Schwingungsfestigkeit verschiedener Stähle bei hoher Temperatur verfolgt[4]. Die minutliche Umdrehungszahl betrug 1500. Abb. 80 und 81 enthalten kennzeichnende Beispiele. Das Verhältnis der Schwingungsfestigkeit D_s zur Zugfestigkeit K_z (Zugversuch a in üblicher Weise ausgeführt im Gegensatz zu Zugversuch b

---

[1] French, Cross und Peterson: Technologic Paper 362 des Bureau of Standards 1928, sowie Mailänder: Stahl und Eisen 1928, S. 1513.

[2] Über Versuche mit langdauernder ruhender Last haben u. a. noch berichtet: Michel und Cournot, Congrès international pour l'essai des matériaux à Amsterdam 1927, Bd. I, S. 397 ff.; White im gleichen Buch S. 431 ff.

[3] Moore und Jasper: Bulletin 152 of the Engineering Experiment Station of the University of Illinois 1925, S. 9 ff.

[4] Über weitere neuere Versuche vgl. u. a. Promper und Pohl, Stahl und Eisen 1928, S. 908.

mit besonders kleiner Belastungsgeschwindigkeit, 12 bis 24 Stunden Versuchsdauer) beträgt hier 0,3 bis 0,8; es ist überdies bei 500° größer als bei geringeren Temperaturen. Die Verhältniszahlen $D_s : K_z$ sind erheblich größer als die von Körber, Pomp und Dahmen für ruhende Last angegebenen[1].

Zu ähnlichen Ergebnissen führten Zug-Druckversuche von Tapsell bei 2400 Lastwechseln in der Minute[2].

Diese Sachlage enthält vermutlich nur einen scheinbaren Widerspruch. Die in Abb. 80 und 81 angegebenen Schwingungsfestigkeiten sind an schnell umlaufenden Stäben ermittelt worden (1500 Umläufe in der Minute); der Wechsel der Anstrengungen an der Oberfläche der

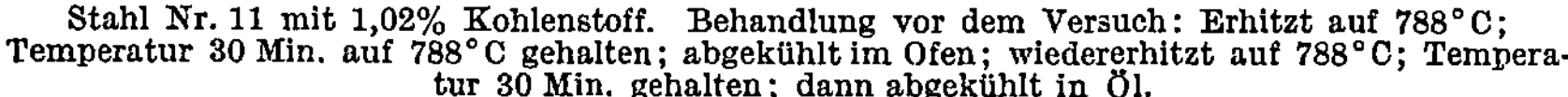

Stahl Nr. 11 mit 1,02% Kohlenstoff. Behandlung vor dem Versuch: Erhitzt auf 788°C; Temperatur 30 Min. auf 788°C gehalten; abgekühlt im Ofen; wiedererhitzt auf 788°C; Temperatur 30 Min. gehalten; dann abgekühlt in Öl.

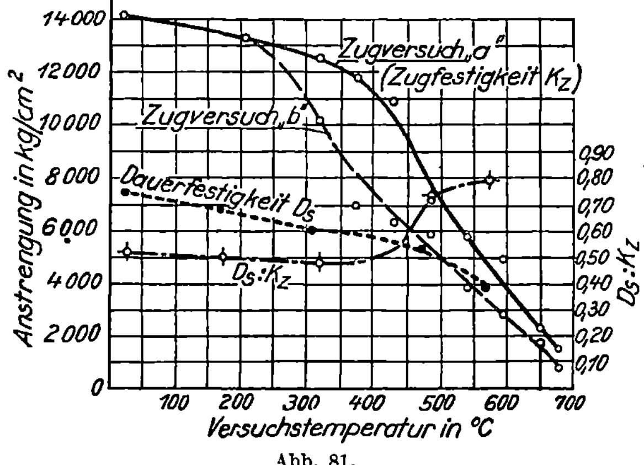

Abb. 81.

Stäbe erfolgte außerordentlich rasch. Die langsam einsetzende Nachgiebigkeit des Materials, wie sie bei hoher Temperatur unter ruhender Last zu verfolgen ist, kann in rasch umlaufenden Stäben nur begrenzt zur Geltung kommen.

Bei hohen Temperaturen ist der Einfluß der Umlaufzahl (Zahl der minutlichen Lastwechsel) nicht verfolgt, aber nach der Überlegung ausgeprägter zu erwarten als bei Zimmertemperatur.

---

[1] Ob das bisher Bekannte besagt, daß u. a. die heute als zulässig geltenden Anstrengungen der Kesselwandungen an der Grenze des Möglichen liegen, und daß die Rißbildungen in Kesselblechen eben fortdauernder Überanstrengung entspringen, ist noch nicht hinreichend erkundet; die Überanstrengung erfolgt im Bereich der Vernietung örtlich erhöht, auch wohl mehr oder minder durch Wärmewirkungen beeinflußt.

[2] Vgl. Tapsell: Journal of the Iron and Steel Institute 1928, Bd. 117, S. 275ff.; ferner im Auszug bei Mailänder: Stahl und Eisen 1928, S. 1015.

Im ganzen ist hervorzuheben, daß die heute üblichen Prüfeinrichtungen zur Ermittlung der Dauerfestigkeit der Werkstoffe unter hohen Temperaturen den Bedürfnissen der Praxis noch nicht hinreichend entsprechen (z. B. bezüglich Probenform, Beanspruchungsart, Geschwindigkeit der Lastwechsel).

XX. Veränderlichkeit der Dauerfestigkeit des Stahls durch Glühen, Härten und Anlassen.

Mailänder[1] hat den ihm bekannten Ergebnissen entnommen, daß Warmbehandlung die Dauerfestigkeit des Stahls im allgemeinen im gleichen Sinne ändere wie die Streckgrenze und Zugfestigkeit. Er bemerkt weiter, daß Eigenspannungen die Dauerfestigkeit mehr zu vermindern scheinen als die Zugfestigkeit; für vergütete Stähle könne deshalb das Verhältnis der Schwingungsfestigkeit zur Zugfestigkeit und Streckgrenze um so mehr hinter dem Durchschnittswert zurückbleiben, je niedriger die Anlaßtemperatur sei.

Aus Versuchen von Moore und Jasper[2] sind die in Abb. 82 bis 84 dargestellten Beobachtungen entnommen. Abb. 82 zeigt eine geringe Erhöhung der Schwingungsfestigkeit von kohlenstoffarmem Eisen durch Kohlung auf 0,63 mm Tiefe (Linienzug H und Anlieferungszustand). Durch

---

[1] Mailänder: Werkstoffhandbuch Stahl und Eisen D 11, S. 8.

[2] Moore und Jasper: Bulletin 152 of the Engineering Experiment Station of the University of Illinois 1925.

Stahl Nr. 9 mit 0,02% Kohlenstoff. Behandlung vor dem Dauerversuch: Kohlung der Oberflächenschicht auf 0,63 mm Tiefe nach dem Einsatzverfahren, hiernach E: Erhitzt auf 871° C, Temperatur 15 Min. auf 871° gehalten, dann abgekühlt in Öl, wiedererhitzt auf 788° C, Temperatur 15 Min. auf 788° gehalten und wieder in Öl abgekühlt. G: Erhitzt auf 788° C, Temperatur 15 Min. auf 788° C gehalten, dann abgekühlt in Öl. H: die Probekörper blieben nach der Kohlung zur Abkühlung im Ofen. Durchmesser der Probekörper: $d = 7{,}6$ mm.

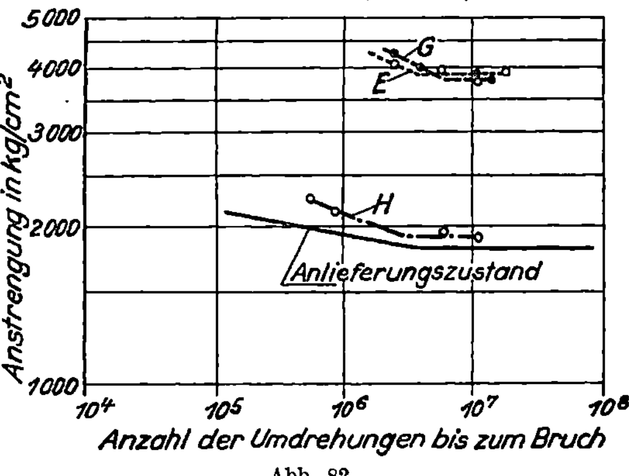

Abb. 82.

Stahl Nr. 9 mit 0,02% Kohlenstoff. Behandlung vor dem Dauerversuch: Kohlung der Oberflächenschicht nach dem Einsatzverfahren; hiernach erhitzt auf 871° C, Temperatur 15 Min. auf 871° gehalten, abgekühlt in Öl, wiedererhitzt auf 788° C, Temperatur 15 Min. auf 788° gehalten, dann wieder abgekühlt in Öl. Durchmesser der Probekörper: $d = 7{,}6$ mm.

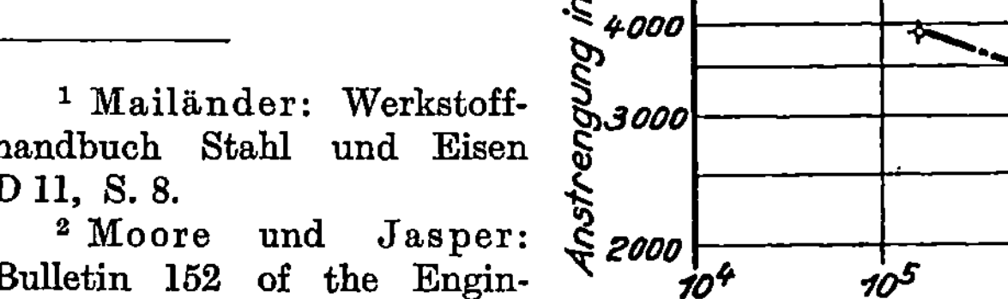

Abb. 83.

·Härten des gekohlten Stahls ist die Schwingungsfestigkeit bedeutend erhöht worden (Linienzüge G und E). Aus Abb. 83 und 84 erhellt der Einfluß der Tiefe der Kohlung bei gehärteten Stäben. Hiernach konnte durch die Einsatzhärtung eine bedeutende Steigerung der Schwingungsfestigkeit hervorgerufen werden. Bei Beurteilung des Grads der Steigerung ist selbstverständlich das Verhältnis der

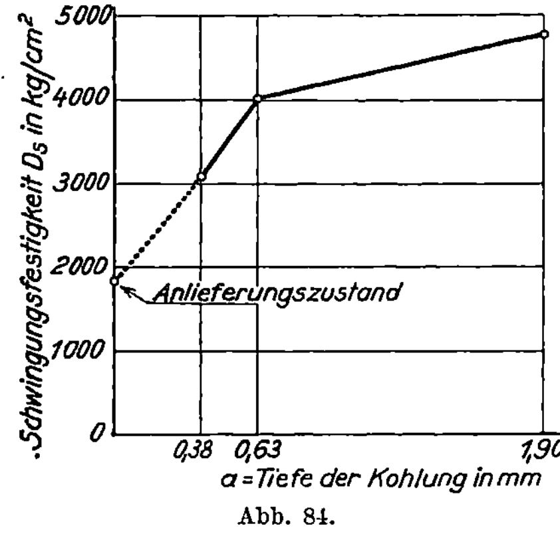

Stahl Nr. 9 mit 0,02% Kohlenstoff. Behandlung vor dem Dauerversuch: Kohlung der Oberflächenschicht nach dem Einsatzverfahren; hiernach erhitzt auf 871° C, Temperatur 15 Min. auf 871° gehalten, abgekühlt in Öl, wiedererhitzt auf 788° C, Temperatur 15 Min. auf 788° gehalten, dann wieder abgekühlt in Öl. Durchmesser der Probekörper: $d = 7,6$ mm.

Abb. 84.

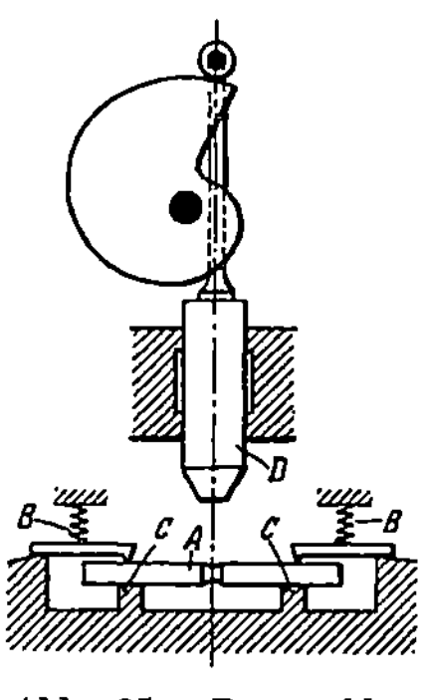

Abb. 85. Dauerschlagwerk, Bauart Krupp.

Tiefe a der Kohlung zum Stabdurchmesser im Auge zu behalten (hier $a = 0,38$ bis 1,90 mm bei $d = 7,6$ mm).

Im ganzen ist hervorzuheben, daß die praktische Bedeutung der Warmbehandlung des Stahls in bezug auf seine Dauerfestigkeit durch Versuche an größeren Stücken weiter zu verfolgen ist.

XXI. Über Schlagversuche mit Stahl.

Dauerschlagversuche werden in der Regel durch Biegeanstrengung eines Rundstabs mit Rundkerbe ausgeführt[1].

Über ausführliche Untersuchungen haben Müller und Leber berichtet.

Stäbe nach Abb. 86[2] sind in verschiedener Weise geschlagen worden, und zwar a) stets auf die gleiche Stelle, b) abwechselnd an 2 um 180° versetzten Stellen, c) abwechselnd an 4 je um 90° versetzten Stellen und

---

[1] Abb. 85 zeigt das Schema des Dauerschlagwerks Bauart Krupp (nach einer Darstellung von Mailänder). Die Probe A wird durch Federn B auf die Lager C gedrückt. Der Bär D ist geführt; er trifft die Probe in der Mitte. Nach jedem Schlag wird der Stab A um einen bestimmten Betrag gedreht. Das Bärgewicht wird verschieden gewählt, normal 4,14 kg. Die Fallhöhe beträgt 30 mm, die minutliche Schlagzahl etwa 80 bis 100. Festgestellt wird die Schlagzahl bis zum Bruch des Stabs.

[2] Z. V. d. I. 1921, S. 1089ff.

d) an 25 um je 14,4° versetzten Stellen. Für 15 mm starke Stäbe aus Stahl von rund 76 kg/mm² Zugfestigkeit, 2 mm breiten Kerben mit 1 mm Kerbhalbmesser, fand sich die Schlagzahl bis zum Bruch

für a) zu 20987,
   „ b) „ 8111,
   „ c) „ 14280,
   „ d) „ 12971.

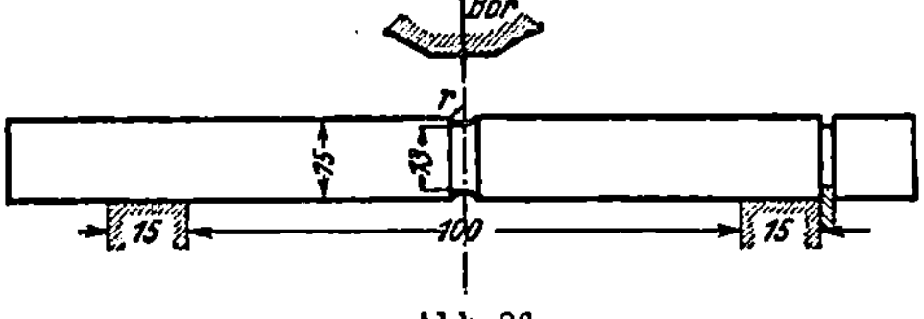

Abb. 86.

Die Beanspruchung nach b) ist also hier die ungünstigste; c) und d) unterscheiden sich nicht bedeutend; der einfache Fall a) lieferte die höchste Schlagzahl. In Abb. 87 ist die Bruchfläche je eines Stabs der 4 Versuchsreihen wiedergegeben.

Weitere Versuche von Müller und Leber lassen den festigkeitssteigernden Einfluß der Größe des Kerbhalbmessers, auch den Einfluß der Art der Übergänge von einem stärkeren auf einen schwächeren Schaft erkennen.

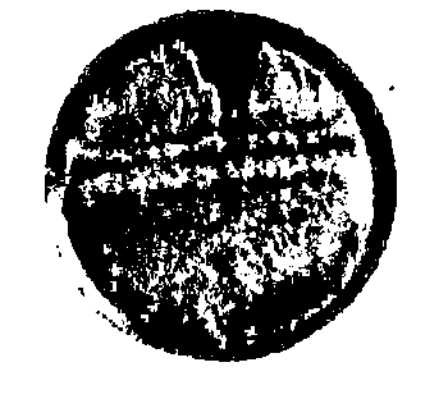

a) Schlag stets auf die gleiche Stelle;
b) Schlag abwechselnd an 2 Stellen, um 180° versetzt;
d) an 25 um je 14,4° versetzten Stellen.

Abb. 87. Bruchflächen nach verschiedenen Beanspruchungsarten durch Schlag[1].

Später haben die gleichen Forscher über Dauerschlagversuche mit legierten Konstruktionsstählen, die verschiedene Warmbehandlung erfahren hatten, sowie mit geglühten und vergüteten Kohlenstoffstählen berichtet[2]. Durch diese Versuche wird bestätigt, daß für jede Stahlsorte eine bestimmte Festigkeit und Härte (Zurückdrängen der inneren Spannungen) nötig ist, um die größte Widerstandsfähigkeit beim Dauerschlagversuch zu gewinnen. Der Zusammenhang zwischen Streckgrenze σ_s und der Bruchschlagzahl Z_B, sowie zwischen der Zugfestigkeit σ_B und Z_B fand sich für Stäbe mit 15 mm Durchmesser, Rundkerbe mit 1 mm Tiefe und 0,8 mm Ausrundung, gemäß Abb. 88 und 89[3]. Unter

---

[1] Aus Stuttgarter Versuchen.

[2] Heft 247 der Forsch.-Arb. Ing. 1922, sowie Z. V. d. I. 1922, S. 543ff.

[3] Müller und Leber bezeichneten σ_k als eine kritische Spannung, die beim Auftreffen des Schlagbären im Stab erzeugt werde.

den gewählten Verhältnissen wurde die Schlagzahl um so größer gefunden, je höher die Zugfestigkeit und Härte des Stahls war,

In einer weiteren Arbeit haben Müller und Leber u. a. noch den Einfluß der Korngröße des Stahls verfolgt. Die Schlagzahl ging

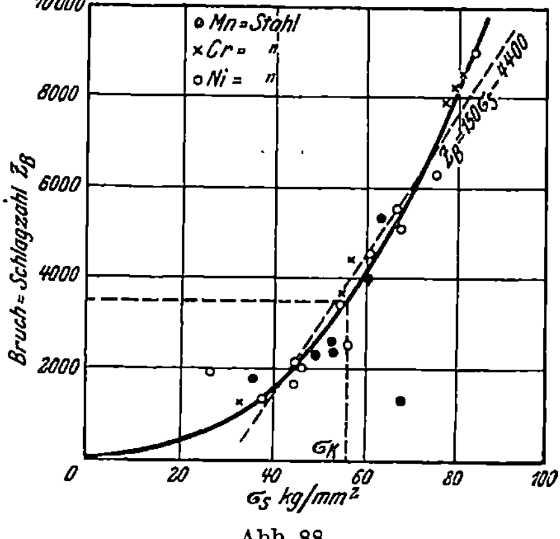

Abb. 88.

mit wachsender Korngröße zurück[1].

Schulz und Püngel[2] fanden, daß die Zahl der Schläge bei $n = 50$ bis $n = 80$/Min. ohne Einfluß auf die Bruchschlagzahl blieb. Erholungspausen, die länger als 1 Tag dauerten, erhöhten die Widerstandsfähigkeit, wenn bei einer Stabdrehung 25 Schläge fielen; bei 2 Schlägen auf den Umfang trat eine Erhöhung erst nach mehreren Tagen auf, bei kurzen Pausen eher eine Verminderung.

Die Dauerschlagfestigkeit, in der üblichen Weise ermittelt, kann zur Kerbzähigkeit oder zur Dauerfestigkeit des Stahls nicht in unmittelbare

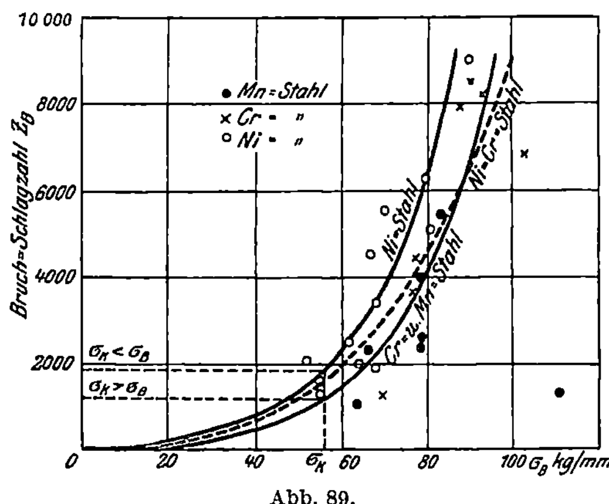

Abb. 89.

Beziehung gebracht werden. Erforderlich sind vielmehr Beobachtungen, die für ein bestimmtes Bärgewicht die Hubhöhe (bzw. die immer wiederkehrende Energie des Schlags) angeben, welche dauernd ertragen wird, ohne den Bruch des Stabes herbeizuführen.

Daß so verfahren werden muß, ergibt sich u. a. aus Versuchen von

Moore[3]. In diesem Sinn ist Warnock vorgegangen[4]; er hat Zugversuche ausgeführt, wobei die Zugkraft durch fallende Gewichte bei verschiedener

[1] Müller und Leber: Z. V. d. I. 1923, S. 357ff.

[2] Schulz und Püngel: Mitt. aus der Versuchsanstalt der Deutsch-Luxemburgischen Bergwerks- und Hütten-A.-G. Dortmunder Union 1922, S. 43ff. — Vgl. auch im vorliegenden Buch unter XI, S. 37.

[3] Moore: Proceedings of the American Society for Testing Materials 1924, Bd. 24 II, S. 547ff.

[4] Warnock: The Journal of the Iron and Steel Institute 1927, Bd. 116, S. 323ff.

Hubhöhe hervorgerufen wurde[1]. Wichtiger erscheinen die Versuche von Welter[2]. In dem Pendelschlagwerk nach Abb. 90 wurden Stäbe nach Abb. 91[3] mit steigenden Beanspruchungen geprüft und dabei die Belastung festgestellt, mit der erstmals bleibende Verformung auftrat.

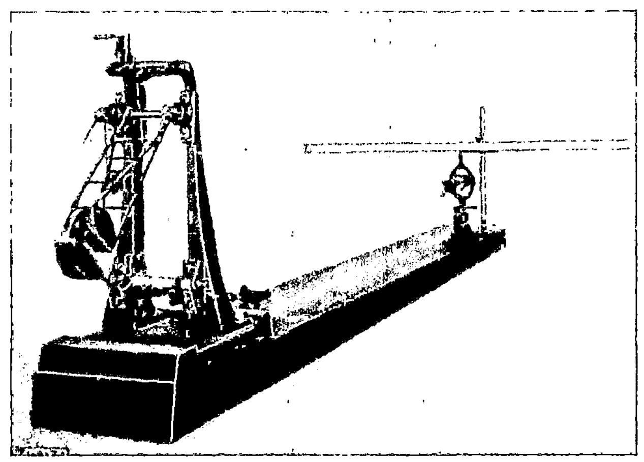

Abb. 90. Versuchsanordnung von Welter.

Gleichzeitig sind Dauerschlagversuche nach Abb. 85 durchgeführt worden, wobei die Schlagarbeit gesucht wurde, die bei oftmaliger Wiederholung nicht mehr zum Bruch führte. Abb. 92 und 93 zeigen ein Beispiel aus den Versuchen Welters, gültig für Walzstahl im Anlieferungszustand. In Abb. 92 ist die Beziehung zwischen Schlagarbeit und Schlagzahl wiedergegeben; Fläche A (bis zur Dauerfestigkeit reichend, die höher als 1,5, niederer als 2,25 cmkg/cm² geschätzt wird), ist als Gebiet der elastischen Dauerfestig-

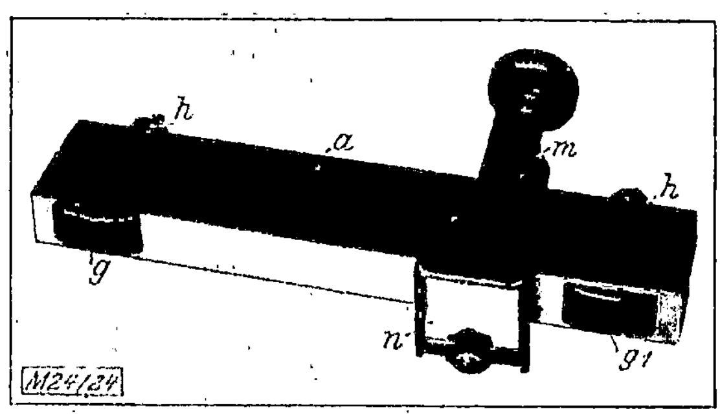

Abb. 91.

---

[1] Da für die Nutzbarmachung der Ergebnisse kein Anhalt gegeben ist, wird hier auf die Besprechung verzichtet.

[2] Welter: Z. V. d. I. 1926, S. 649ff.

[3] Näheres Z. Metallkunde 1924, S. 6ff. — Am Stab a ist der Spiegel n mit der Klemme m befestigt. An den Widerlagern sind abgerundete Stücke g und g_1 mit den Schrauben h festgemacht.

keit, Fläche B als überelastische Schlagfestigkeit bezeichnet. Beim Pendelschlagversuch nach Abb. 90 traten die ersten bleibenden Formänderungen bei 1,8 cmkg/cm² auf.

Aus solchen Feststellungen wurde geschlossen, daß der Elastizitätsversuch mit dem Pendelschlagwerk als Abkürzungsverfahren zur Er-

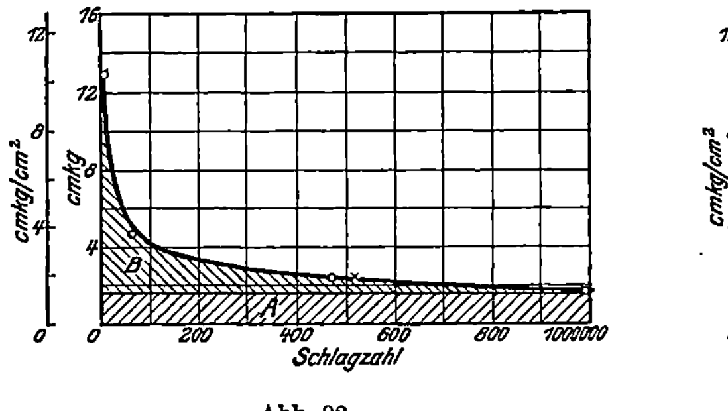

Abb. 92.   Abb. 93.

mittlung der Dauerschlagfestigkeit geeignet sei. Diese Annahme wird durch die Feststellung von Bauschinger, daß sich die natürliche Elastizitätsgrenze erst allmählich ausbildet (vgl. S. 29), nicht gestützt.

XXII. Über Torsionsversuche mit Stahl.

Die Schwingungsfestigkeit bei Belastung auf Verdrehung (D_{sv}) ist aus zahlreichen Versuchen bekannt. Das Verhältnis der Schwingungsfestigkeit D_{sv} zur Schwingungsfestigkeit D_s des auf Biegung beanspruchten umlaufenden Stabs fand sich nach Moore und Jasper, sowie nach McAdam zu 0,44 bis 0,71, in der Regel zwischen 0,5 und 0,6, im Mittel zu 0,55[1]. Über eine große Versuchsreihe im British National Physical Laboratory berichtet Gough[2]; die Verhältniszahl $D_{sv} : D_s$ betrug 0,44 bis 0,80, im Mittel bis 0,56, war also fast ebenso groß wie bei den amerikanischen Versuchen.

Der wissenschaftlichen Erforschung der Vorgänge bei oftmals wiederholter Verdrehung hat sich vor allem O. Föppl gewidmet[3], im besonderen der Dämpfungsfähigkeit der Werkstoffe (Arbeit, die bei einer Wechselbeanspruchung gleich der Dauerfestigkeit aufgenommen wird). Großes Dämpfungsvermögen erscheine wichtig für Körper, die freie Schwingung erfahren[4].

---

[1] Moore: The Fatigue of Metals, S. 147 u. 148.

[2] Gough: The Fatigue of Metals, S. 298.

[3] Föppl, O.: Vgl. zuletzt im Heft 304 der Forsch.-Arb. Ing. 1928.

[4] Wieweit das Dämpfungsvermögen für den Kraftverlauf in plötzlichen Übergängen, auch wegen der Oberflächenempfindlichkeit der Stähle Beachtung verdient, wird noch näher zu untersuchen sein. Ludwik und Scheu (Metallwirtschaft 1929, S. 5) fanden, daß Dämpfungsfähigkeit und Kerbempfindlichkeit nicht in unmittelbarem Zusammenhang stehen.

In bezug auf die kleinen bleibenden (plastischen) Verformungen unterhalb der Dauerfestigkeit hat Föppl im Einklang mit früheren Versuchen festgestellt, daß die Formänderungsgeschwindigkeit in dem untersuchten Bereich (bis $n =$ 2500/min.) auf die Dämpfung keinen Einfluß hat. Das Verhältnis $D_{sv} : D_s$ ist von ihm für Stahl zu 0,53 bis 0,67 ermittelt worden.

In neuerer Zeit wurden bei Carl Schenck, Darmstadt, Verdrehungsversuche begonnen, ebenso wie auf der Schenckschen Dauerbiegemaschine unter Feststellung der vom Probestab aufgenommenen Arbeit, der Temperaturerhöhung und der Verdrehung, je stufenweise verfolgt, um so zunächst durch eine abgekürzte Prüfung die ungefähre Lage der Schwingungsfestigkeit D_{sv} zu ermitteln. Abb. 94 zeigt diese Feststellungen für einen Kohlenstoffstahl mit etwa 0,4% C.

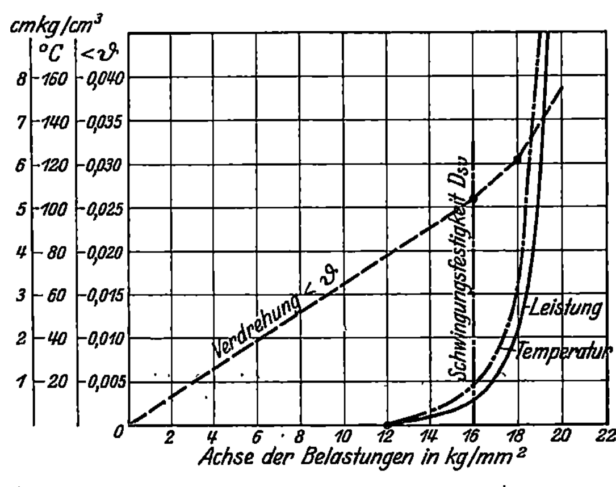

Abb. 94.

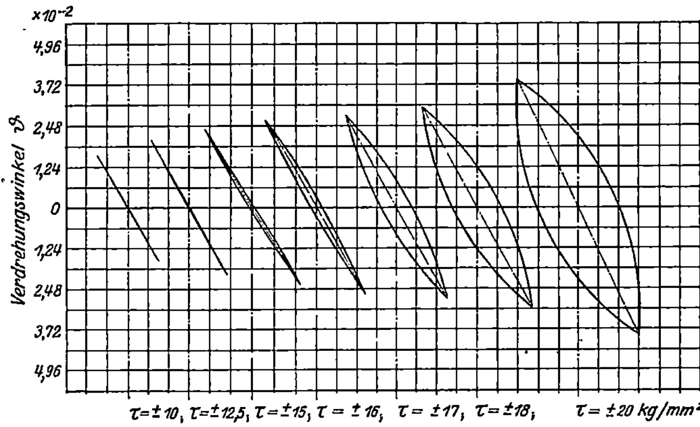

Abb. 95. Schwingungsbeanspruchung auf Torsion. $n = 3000$ min; SM.-Stahl gewalzt 0,4% C.

Die nach dem Näherungsversuch festgestellte Schwingungsfestigkeit D_{sv} liegt in der Abscisse erheblich hinter dem Beginn der Linien, die einen Anstieg von Temperatur und aufgenommener Arbeit (Leistung) anzeigen. Die mit dem Abkürzungsversuch aufgenommenen Spannungs-Verdrehungslinien sind in Abb. 95 wiedergegeben.

Abb. 96 enthält die Ergebnisse von Schwingungsversuchen mit Chromnickelstahl. Hier liegt D_{sv} nahe dem Anfang der Temperatur- und Leistungskurven.

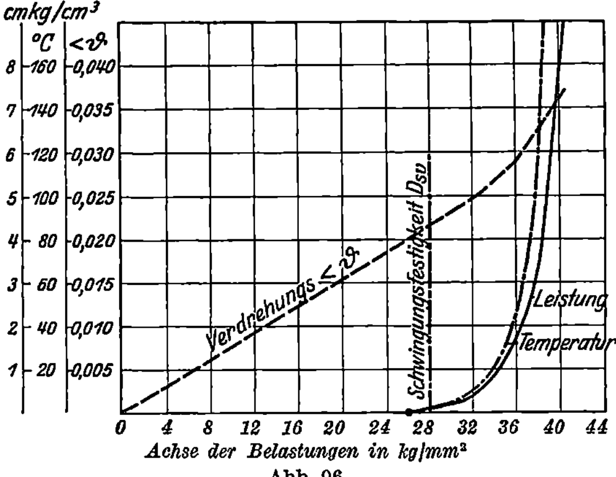

Abb. 96.

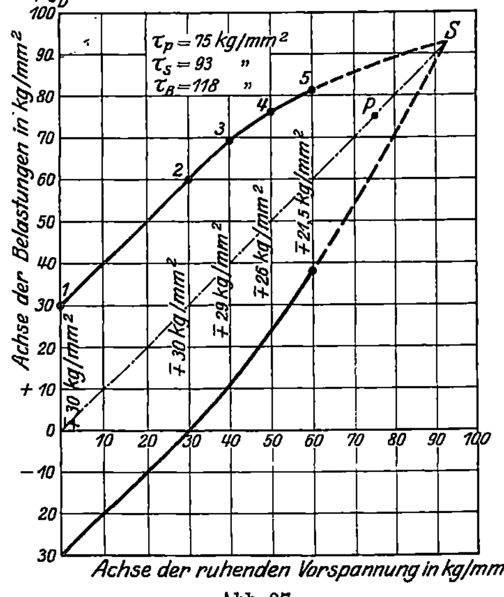

Abb. 97.

Über die Veränderlichkeit der Schwingungsfestigkeit bei Anwendung statischer Vorspannung liegen Mitteilungen von Moore[1], ferner von Bohuszewicz und Späth[2], sodann von Lehr vor. Bohuszewicz und Späth entnahmen ihren Versuchen, daß der Einfluß der Vorspannung bei verschiedenen Stoffen kennzeichnende Unterschiede liefere. Aus den Angaben von Lehr ist Abb. 97 herausgegriffen; hiernach ließ der zugehörige Chromnickelstahl etwa bis zur Proportionalitätsgrenze fast gleichbleibende Schwingungen zu.

In Abb. 98 sind die Bruchstücke von Stahlstäben wiedergegeben, die auf der Schenckschen Torsionsmaschine geprüft wurden.

Andere Stücke, die bei oftmals wiederholter Torsionsbelastung gebrochen sind, sind in Abb. 31, 61 und 73 dargestellt[3].

XXIII. Verringerung der Dauerfestigkeit des Stahls durch Korrosion. Wirkung von Laugen.

Oberflächenänderungen durch Korrosion wie in Abb. 99 (Paßstelle, Zustand nach Wegnahme des sog. Passungsrostes) oder Abb. 100 (Teil

---

[1] Moore und Kommers: The Fatigue of Metals, S. 188 ff.

[2] Bohuszewicz und Späth: Arch. Eisenhüttenw. Bd. 2, S. 249 ff. 1928, sowie Stahl und Eisen 1928, S. 1505.

[3] Vgl. auch Gough: The Fatigue of Metals, S. 167 ff.

einer Eisenbahnschwelle). verringern die Festigkeit erheblich, gemäß dem unter XVIII, S. 45f. Gesagten.

McAdam hat an· frei umlaufenden, auf. Biegung beanspruchten Stäbchen den Einfluß von strömenden Wasser auf die Schwingungsfestigkeit verfolgt[1]. Er fand, daß die Stahlstäbe vornehmlich im Gebiet nichtmetallischer Einschlüsse angegriffen wurden und daß bei solchem Angriff (Korrosion) weit geringere Schwingungsfestigkeiten (D_{sw}) zu ermitteln waren, als für Stäbe, die in der Luft liefen, vgl. Abb. 101 und 102, sowie die folgende Zusammenstellung 6. Dabei trat außerdem hervor, daß die Korrosion weit mehr Bedeutung hat, wenn sie am umlaufenden, belasteten Stab hervorgerufen

Abb. 98.

Zusammenstellung 6. (Versuche von McAdam.)

1	2	3	4	5	6
Werkstoff	Chemische Zusammensetzung	Zugfestigkeit K_z kg/cm²	Schwingungsfestigkeit ermittelt in Luft (D_s)	in strömendem Wasser (D_{sw}) [2]	$D_{sw} : D_s$
Kohlenstoffstahl:					
AGW 9, vergütet	} 0,36 C, 0,6 Mn, 0,02 Si	7290	3590	1830	0,51
AG 15,5, geglüht	} 0,09 P, 0,015 S	5560	2390	1900	0,79
Nickelstahl:					
CBW 10, vergütet	0,33 C, 5,18 Ni, 0,49 Mn, 0,40 Si, 0,017 P, 0,013 S	9120	4290	1900	0,44
Chrom-Nickel-Stahl:					
DDW 10, vergütet	} 0,38 C, 0,80 Cr, 1,56 Ni,	10410	5130	2040	0,40
BDW 12, vergütet	} 0,66 Mn, 0,32 Si, 0,024 P	8140	4080	1900	0,47
BD 15, geglüht	} 0,017 S	7440	3590	1970	0,55

[1] McAdam: Proceedings of the American Society for Testing Materials, Bd. 26 II, S. 224ff. 1926; American Institute of Mining and Metallurgical Engineers 1928, Technical Publication Nr. 58.

[2] Bei Beginn des Versuchs während 1,5 Millionen Umdrehungen (minutlich 1450) im strömenden Wasser gelaufen.

wird als wenn sie am unbelasteten Stab mit gleichen äußeren Bedingungen verursacht wird.

Der Unterschied von D_{sw} gegen D_s fiel bei den härteren Stählen größer aus (vgl. Spalte 6 der Zusammenstellung 6).

Abb. 99.

Die Vergütung, welche die Zugfestigkeit K_z und die in Luft ermittelte Schwingungsfestigkeit D_s bedeutend erhöht hat, erschien. ohne ausgeprägten Einfluß bei D_{sw}. Diese Feststellung ist sehr beachtlich.

Bei längerer Dauer des Wasserangriffs (bei Beginn des Versuchs 1,5 Millionen gegen 300000 und 100000 Umläufe im Wasser) ging D_s zurück. Nach langer Dauer des Wasserangriffs unterschieden sich die Werte D_{sw} für Stähle, die bei Prüfung an der Luft sehr verschiedenwertig ausfielen, nur wenig, vgl. z. B. Abb. 101 mit Abb. 102.

Die Untersuchungen von McAdam lieferten hiernach praktisch sehr wichtige Feststellungen. Weitere Versuche seien eingeleitet[1].

Abb. 100.

---

[1] In seinen neueren Mitteilungen (Internationaler Kongreß für die Materialprüfungen der Technik in Amsterdam 1927, Bd. I, S. 305ff.) hat McAdam gezeigt, daß die Potentialdifferenz der Legierungen und des Kupfers mit der Schwingungsfestigkeit D_{sk} Beziehungen gemäß Abb. 103 aufweisen.

Speller, Corkle und Mumma[1], haben den Einfluß von Mitteln, welche die Korrosion verstärken oder verringern in bezug auf die Dauer-

Der gleichen Abhandlung ist folgendes entnommen:

Im ersten Stadium des „Korrosions-Dauerversuchs" finde wahrscheinlich die Bildung von Vertiefungen (Kerben) an der Oberfläche der Probekörper statt. Bei Anstrengungen, die unterhalb der gewöhnlichen Schwingungsfestigkeit D_s des Materials liegen, sei die Bildung der Kerben auf den elektrolytischen Lösungsdruck (solution-pressure) zurückzuführen und nicht auf die Biegeanstrengungen. Der elektrolytische Lösungsdruck, der die Bildung der Kerben verursache, sei nichts anderes als der durch die Biegespannungen verursachte

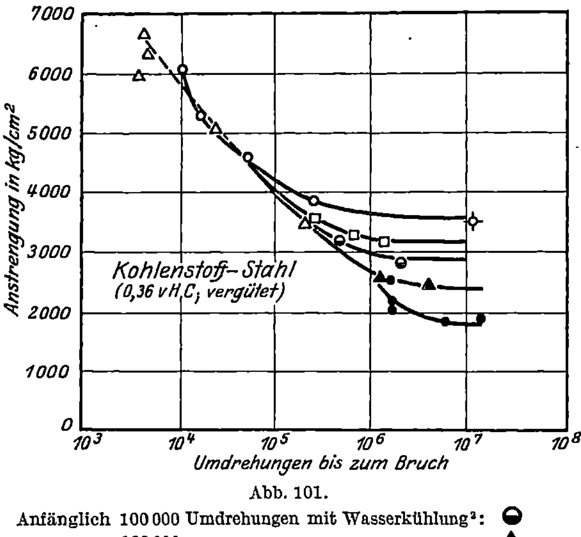

Abb. 101.

Anfänglich 100 000 Umdrehungen mit Wasserkühlung[2]: ◒

„   300 000   „   „   „   : ▲

„   1 500 000   „   „   „   : ●

„   1 500 000   „   mit Wasserkühlung   ☐
                       vor dem Versuch, also unbelastet:

1450 Umdr./Min. mit Wasserkühlung: △

1450   „   nicht gekühlt[3]:   ○

Lösungsdruck. Mit fortschreitender Vergrößerung der Vertiefungen würden die Spannungen in den Kerben und der Lösungsdruck eine entsprechende Erhöhung erfahren. Die Spannungserhöhungen werden, wie bekannt, durch die scharfen Kanten der entstehenden Vertiefungen verursacht (vgl. S. 17 ff., sowie S. 45 ff.). Durch diese Spannungserhöhungen würde aber wieder eine Steigerung des Lösungsdruckes hervorgerufen.

Dieses gleichzeitige Anwachsen der Anstrengungen und des Lösungsdruckes werde solange fortgesetzt, bis die Anstrengungen an den scharfen Kanten der Vertiefungen die Schwingungsfestigkeit D_s des Materials überschreiten. Damit beginne das zweite Stadium des „Korrosions-Dauerbiegeversuchs". Dieses zweite Stadium könne als reine, nur durch die Korrosion beschleunigte Dauerbiegung betrachtet werden. Die entstehenden Risse vergrößern sich dabei in fortgesetzt beschleunigter Weise bis zum Bruch des Probekörpers.

Seien die zu Beginn aufgebrachten Anstrengungen σ_A kleiner als die Schwingungsfestigkeit D_s des Materials, aber größer als die Korrossion-Schwingungsfestigkeit D_{sk}, so beginne das zweite, verhältnismäßig kurze Versuchsstadium erst, wenn die Vertiefungen soweit fortgeschritten seien, daß die tatsächlichen Anstrengungen an den scharfen Rändern der Vertiefungen die Schwingungsfestigkeit D_s erreichen.   (Fortsetzung auf S. 74.)

[1] Vgl. Mailänder: Stahl und Eisen 1928, S. 1682.

[2] Kühlwassertemperatur: 15,6 bis 21,1° C.

[3] 1450 Umdr./Min., nicht gekühlt und nicht gebrochen: ✧

festigkeit von Stählen verfolgt. Natriumbichromat hat die Korrosion unter den gewählten Umständen verhindert.

Viel beachtet wurden die Mitteilungen von Parr, zuletzt von Parr und Straub, über den Einfluß von Ätznatron auf die Widerstandsfähigkeit von Kesselblechen[2]. Nach den letzten Versuchen in Urbana, nach Stuttgarter Versuchen und anderen deutschen Untersuchungen ist anzunehmen, daß der ungünstige Einfluß des Ätznatrons erst wesentlich wird, wenn eine noch näher zu umgrenzende Überschreitung der Streckgrenze vorausgeht oder wenn die Anstrengung des Materials im Dienst über die Streckgrenze oftmals hinaus-

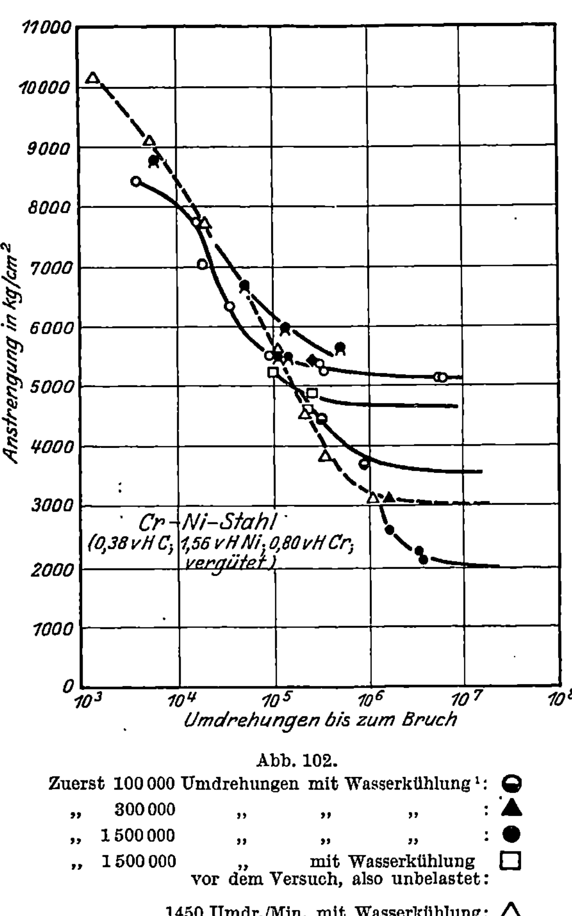

Abb. 102.

Zuerst 100 000 Umdrehungen mit Wasserkühlung[1]: ◒

„ 300 000 „ „ „ : ▲

„ 1 500 000 „ „ „ : ●

„ 1 500 000 „ mit Wasserkühlung ☐
vor dem Versuch, also unbelastet:

1450 Umdr./Min. mit Wasserkühlung: △

1450 „ nicht gekühlt[2] ○

200 „ „ „ ◆

50 „ „ „ ✹

Seien jedoch die zu Beginn des Versuchs aufgebrachten Anstrengungen σ_A größer als die Schwingungsfestigkeit D_s, so trete der Versuch sofort in das zweite Stadium ein, d. h. der ganze Versuch werde ein reiner, durch Korrosion beschleunigter Dauerbiegeversuch.

Die Korrosions-Schwingungsfestigkeit D_{sk} sei die niedrigste nominelle Anstrengung, bei der die wirklichen Anstrengungen an den Rändern der Vertiefungen gerade die Schwingungsfestigkeit D_s des Materials

erreichen. Diese nominelle Anstrengung sei also von der Spannungskonzentration in den Kerben abhängig, welche wieder ihrerseits von dem Lösungsdruck abhängig erscheinen solle; sie werde auch zweifellos etwas durch die physikalischen Eigenschaften der Legierungen beeinflußt.

[1] Siehe Fußnote 2 auf S. 73.

[2] Parr und Straub: Bulletin 94, 155 und 177 der Engineering Experiment Station of the University of Illinois 1917 bis 1928.

geht, also an sich unzulässig hoch gewählt ist[1]. Ausreichende Klarstellung sollen Versuche bringen, die noch im Gange sind.

XXIV. Versuche mit Konstruktionselementen aus Stahl.

Die Mitteilungen unter I bis XVI und unter XVIII bis XXIII betreffen in der Regel Untersuchungen über die Dauerfestigkeit des Stahls an sich. Die Ergebnisse solcher Versuche bilden Vergleichswerte für die Wahl des Werkstoffs. Darüber hinaus ist es nötig, das Verhalten bestimmter Werkstoffe in Konstruktionselementen zu erkunden, weil das Material

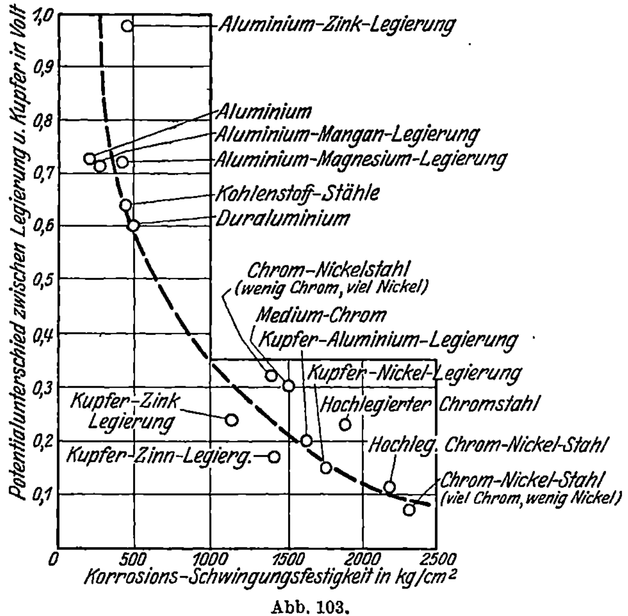

Abb. 103.

bei der Verarbeitung besonders ausgeprägte Änderungen erfahren kann (Federn, Nietverbindungen, Schweißstellen u. a.) oder weil die in manchen Elementen maßgebenden Anstrengungen der Rechnung nicht oder noch nicht hinreichend zugänglich sind (Schrauben, Seile u. a.). Die Prüfung hat unter Bedingungen zu geschehen, die den wirklichen nahekommen[2].

Unter XVIII sind Versuche mit gebohrten und abgesetzten Stücken besprochen; sie gehören, streng genommen, zu den Versuchen mit Konstruktionselementen. Weitere Feststellungen sind aus Versuchen von R. R. Moore zusammengestellt, in Abb. 104 bis 107 niedergelegt.

---

[1] Vgl. R. Raumann: Z. bayr. Rev.-V. 1925, Nr. 15; 1927, Nr. 14; Ulrich, Werkstofffragen des neuzeitlichen Dampfkesselbaus 1929.

[2] Über weitere Aufgaben vgl. u. a. Herttrich, Maschinenbau 1929, S. 120 (Lagerprüfmaschine).

Abb. 104 macht erneut auf den bedeutenden Einfluß der Eindrehungen und der Ausrundung der Eindrehungen aufmerksam. Abb. 105 zeigt den Einfluß des Halbmessers der Eindrehung auf D_s und $D_s : K_z$. In Abb. 106 ist der Einfluß der Tiefe der Eindrehung

1	2	3	4
Stabform (Maße in mm)	Abmessungen der Eindrehung	Zugfestigkeit K_z kg/cm²	Schwingungsfestigkeit D_s· kg/cm²
U.S.A.Standard (Stabform: $R=250$, $8,4\,\phi$, $4,8$ $4,8$, $12,2\,\phi$; 19 — 49 — 19, gesamt 87)	—	9670	3870 (1,00) ($D_s : K_z = 0,40$)
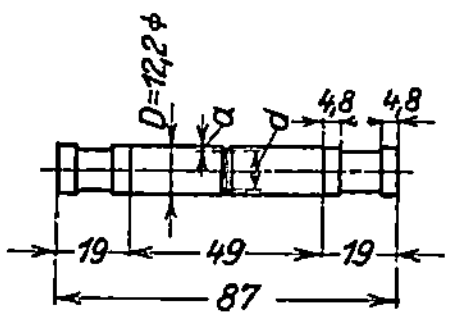 (Stabform: $D=12,2\,\phi$; $4,8$ $4,8$; 19 — 49 — 19, gesamt 87. Tiefe der Eindrehung $a = \dfrac{D-d}{2}$)	$a=0,40$; $r=0,40$; D	11860	1760 (0,45) ($D_s : K_z = 0,15$)
	$a=3,17$; $r=3,17$; D	12780	2810 (0,73) ($D_s : K_z = 0,22$)
	$a=0,97$; $60°$; $r=0,25$; D	13690	1480 (0,38) ($D_s : K_z = 0,11$)
	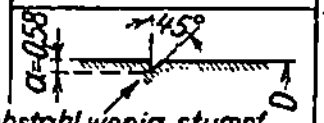 $a=0,58$; $45°$; Drehstahl wenig stumpf; D	12260	1410 (0,36) ($D_s : K_z = 0,12$)
	$a=0,97$; $45°$; $r=0,40$; D	13540	1690 (0,44) ($D_s : K_z = 0,12$)
	$a=1,93$; $45°$; $r=0,40$; D	16750	1550 (0,40) ($D_s : K_z = 0,09$)
(Stabform: $D=15,0\,\phi$; $3,2$ $3,2$; $10,2\,\phi$; $12,2\,\phi$; 87)	$a=2,39$; $45°$; $r=1,59$; D	15760	2530 (0,65) ($D_s : K_z = 0,16$)
(Stabform: $18,2\,\phi=D$; $10,3\,\phi$; $11,4\,\phi$; 152)	$a=3,96$; $45°$; $r=3,17$; D	15010	2950 (0,76) ($D_s : K_z = 0,20$)
(Stabform: $24,5\,\phi=D$; $R=7,6$; $10,3\,\phi$; $11,4\,\phi$; 152)	$45°$; $r=6,35$; D	13320	3160 (0,82) ($D_s : K_z = 0,24$)

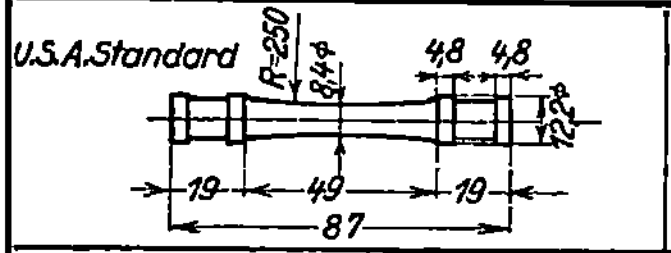

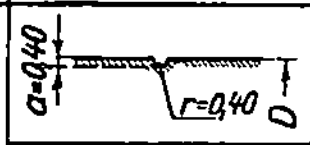

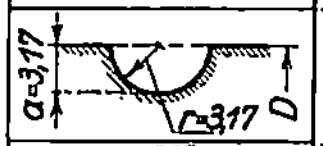

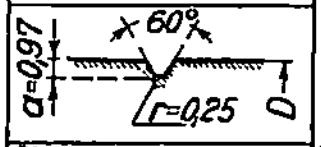

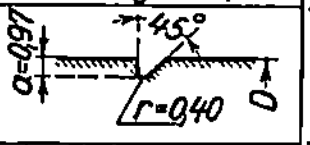

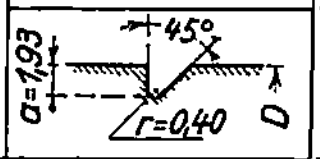

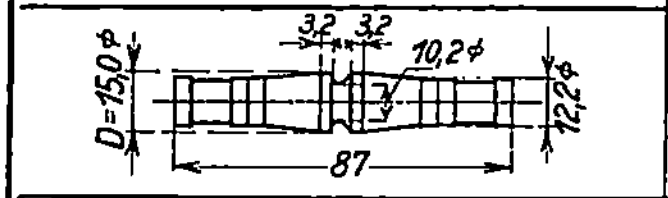

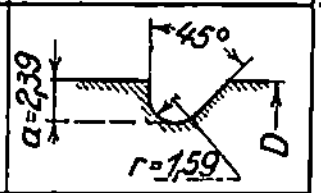

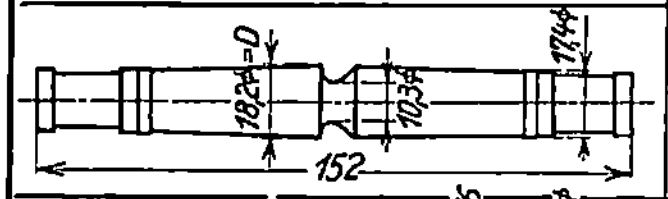

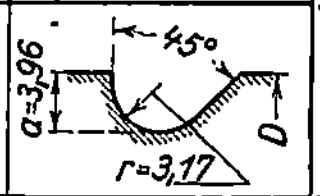

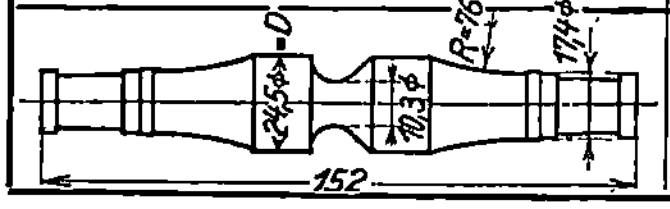

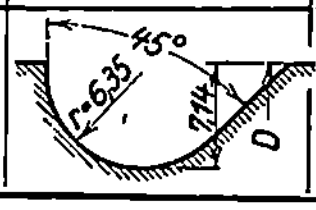

Abb. 104.

Stahl 6130 (0,29 vH C, $<$0,04 vH P, 0,02 vH S, 0,77 vH Mn, 1,07 vH Cr, 0,18 vH V) vergütet.

verfolgt. Aus Abb. 107 läßt sich entnehmen, daß einzelne Eindrehungen größeren Einfluß haben als Gewinde, die am Ende allmählich auslaufen. In kurzem Abstand folgende Eindrehungen bringen also unter den gewählten Umständen weniger hohe Spannungswellen als einzelstehende, was auch die Überlegung erwarten läßt. Eine allgemeine Erörterung ist zurückzustellen, bis das Verhalten verschiedener Stoffe bei gleicher Kerbe oder gleicher Bohrung weiterverfolgt ist.

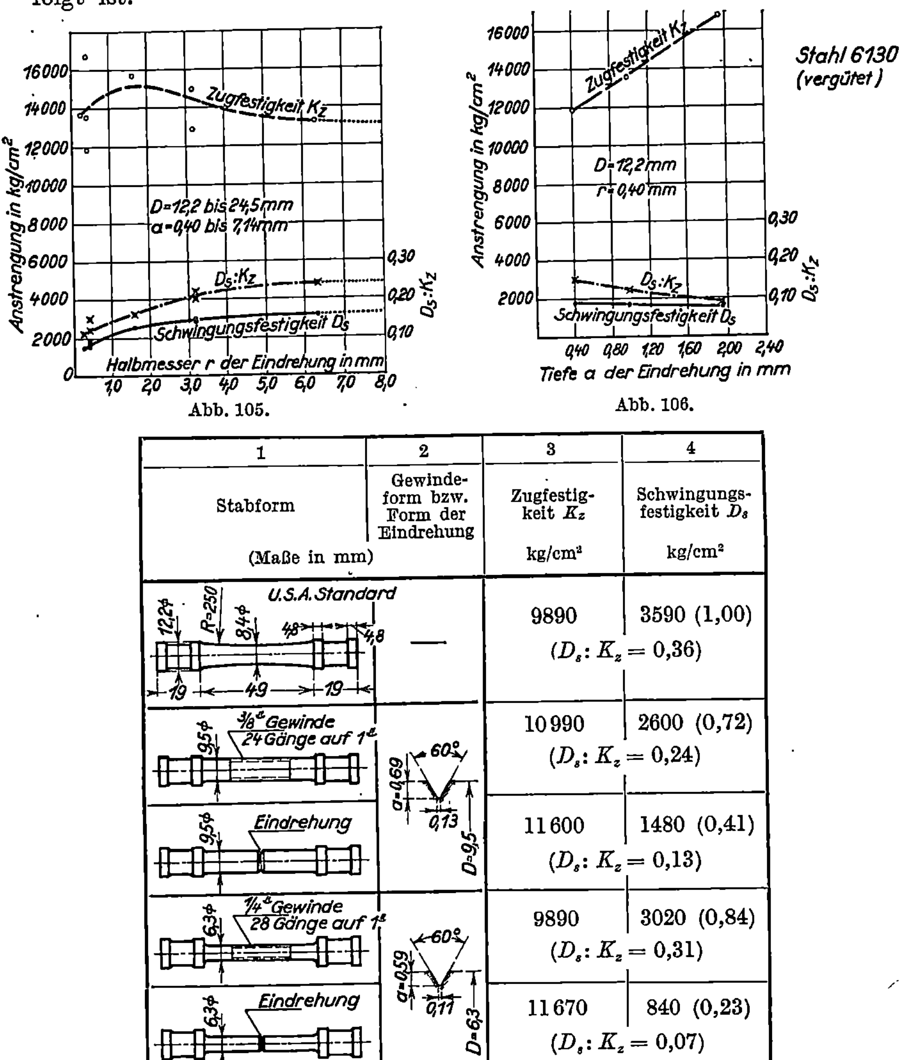

Abb. 105.

Abb. 106.

1	2	3	4
Stabform (Maße in mm)	Gewinde-form bzw. Form der Eindrehung	Zugfestig-keit K_z kg/cm²	Schwingungs-festigkeit D_s kg/cm²
U.S.A. Standard	—	9890	3590 (1,00) $(D_s : K_z = 0,36)$
⅜" Gewinde 24 Gänge auf 1"	60°	10990	2600 (0,72) $(D_s : K_z = 0,24)$
Eindrehung	0,13	11600	1480 (0,41) $(D_s : K_z = 0,13)$
¼" Gewinde 28 Gänge auf 1"	60°	9890	3020 (0,84) $(D_s : K_z = 0,31)$
Eindrehung	0,11	11670	840 (0,23) $(D_s : K_z = 0,07)$

Abb. 107.

Stahl mit 0,43 vH C, 0,60 vH Mn, 0,04 vH S, <0,04 vH P; im Anlieferungszustand (gewalzt).

a) Schrauben. R. R. Moore fand, wie schon hervorgehoben, daß Schraubengänge die Widerstandsfähigkeit der Stahlstäbe gegen Biegung weniger mindern als einfache Eindrehungen[1] (vgl. Abb. 107).

[1] Moore, R. R.: Proceedings American Society for Testing Materials, Bd. 26 II, S. 255ff.

b) **Federn.** Wertvolle Beobachtungen hat Lehr[1] mitgeteilt. Seinen Darlegungen ist das Folgende entnommen.

Als Federmaterial wurden bisher Werkstoffe mit hoher Elastizitätsgrenze, d. h. gehärtete oder hoch vergütete Stähle, verwendet. Derart hergestellte Schraubenfedern gingen in der Schenckschen Schwingungsmaschine bei unerwartet niedriger Torsionsbeanspruchung und nach wenigen Betriebsstunden zu Bruch. Für Federn mit 30 bis 40 mm Drahtstärke seien folgende Zahlen maßgebend gewesen.

Abb. 108. Längsschlag (Albertschlag).

Zugfestigkeit 140 bis 150 kg/mm²; statische Vorspannung der Federn (Torsionsbeanspruchung)

$$+ 15 \text{ kg/mm}^2;$$

ertragbare Schwingungsbeanspruchung (Torsionsbeanspruchung)

$$\pm 4 \text{ bis } 5 \text{ kg/mm}^2.$$

Bei Untersuchungen zur Ermittlung eines leistungsfähigeren Werkstoffes habe sich für Schraubenfedern größter Abmessungen am besten

Abb. 109. Kreuzschlag.

ein Chromsiliziumstahl (mit 0,5% C; 0,85% Cr; 1% Si; 0,6% Mn) in geglühtem Zustand bewährt. Die daraus gefertigten Federn[2] besaßen bei einer Vorspannung von 15 kg/mm² eine Schwingungsfestigkeit von ± 7,5 bis 8 kg/mm², d. h. die Torsionsbeanspruchung der Schraubenfedern konnte zwischen etwa 7,5 und 22,5 kg/mm² schwanken, ohne daß im Dauerbetrieb ein Bruch zu befürchten war. Diese Feststellung wurde durch etwa zweijährige Betriebserfahrung an mehr als 50 Schwingungsmaschinen, die Lastwechselzahlen bis zu 1¹/₂ Milliarden zurückgelegt

---

[1] Lehr: Z. techn. Physik 1928, S. 404ff.

[2] Die Herstellung der Federn geschah folgendermaßen: Die Stangen wurden bei 850° geglüht und dann zu Federn gewickelt. Hierauf wurden die Federn nochmals bei 850° 20 Minuten lang geglüht und zu langsamem Erkalten hingesetzt. Schließlich fand ein nochmaliges Glühen bei etwa 650° statt (Zeitdauer 1 Stunde) mit anschließendem langsamen Erkalten.

haben, bestätigt. Dabei hätten die Beanspruchungen dicht an die angegebenen äußersten Grenzen herangereicht.

Das Versagen der gehärteten Federn sei hauptsächlich auf die Einwirkung von Oberflächenverletzungen (Haarrisse, Walzfehler und

Abb. 110. Kabelschlag.

dgl.), die bei der Herstellung unvermeidlich sind, zurückzuführen; sie würden bei gehärtetem Stahl die Dauerfestigkeit bis zu 60% herabsetzen. Dagegen hätten diese Fehler bei geglühtem Werkstoff einen wesentlich kleineren Einfluß (Verminderung der Dauerfestigkeit nur

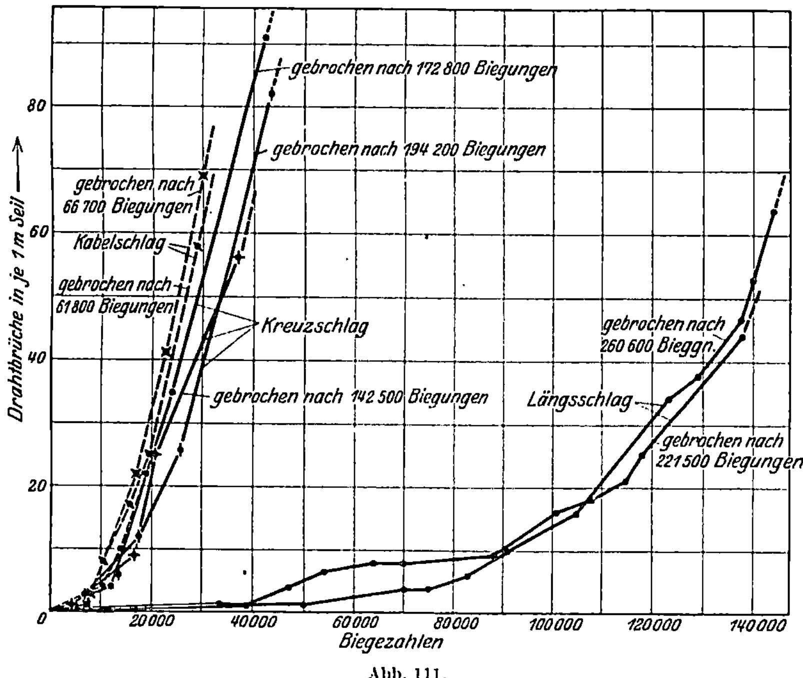

Abb. 111.

um etwa 10%). Ferner scheine der geglühte Werkstoff die Eigenschaft zu besitzen, bei Wechselbeanspruchungen, die dicht unterhalb seiner ursprünglichen Ermüdungsgrenze liegen, seine Dauerfestigkeit zu erhöhen[1].

---

[1] Vgl. die Darlegungen S. 43 ff.

Für Federn geringer Abmessungen, wie z. B. Ventilfedern von Automobil- und Flugzeugmotoren, deren Drahtstärken 5 mm und weniger betragen, und die aus gezogenem und vergütetem Material gefertigt sind, fand Lehr wesentlich höhere Dauerfestigkeiten. Solche Federn

Abb. 112.

ertrugen bei einer Vorspannung von 30 kg/mm² eine Schwingungsbeanspruchung von ± 14 bis 15 kg/mm². Der Grund für dieses Ergebnis ist vor allem in der praktisch fehlerfreien Oberfläche des gezogenen Gußstahldrahtes zu suchen.

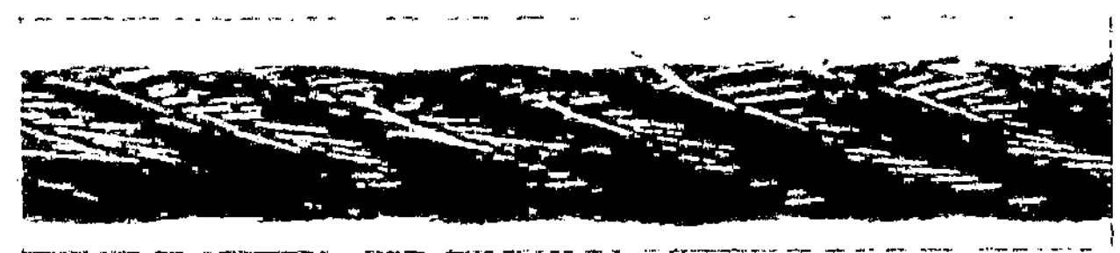

Abb. 113.

c) Seile[1]. Die früher vertretene Auffassung, daß der Verseilungsgrad (zweimaliges oder dreimaliges Flechten; Spiralseil, Albertschlag- oder Gleichschlagseil nach Abb. 108, Kreuzschlagseil nach Abb. 109, Kabelschlagseil nach Abb. 110) die Anstrengung der Drähte mindere und damit

Abb. 114.

die Lebensdauer der Seile erhöhe, ist durch Benoit und Wörnle widerlegt[2]. Wörnle fand die Längsschlagseile wesentlich widerstandsfähiger als die Kreuzschlagseile, während sich die Kreuzschlagseile besser als die Kabelschlagseile erwiesen, vgl. Abb. 111. Die Abb. 111 bis 114 zeigen Beispiele der drei Seilarten kurz vor dem Bruch.

---

[1] Vgl. auch am Schluß von XVII, S. 45.

[2] Vgl. Wörnle: Maschinenbau 1924, S. 763ff.; die Abb. 108 bis 114 sind von Prof. Dr. Ing. Wörnle zur Verfügung gestellt worden.

Wörnle hat in neuerer Zeit ausgedehnte Versuche durchgeführt, über die Mitteilungen bevorstehen[1].

Die Versuche von Scoble[2] brachten Ergebnisse, die den Feststellungen von Wörnle nicht entgegenstehen; sie lassen eine systematische Erörterung noch nicht zu.

Im Baubetrieb erfahren die Seile durch rohe Behandlung nicht

[1] Der Bericht erscheint in der Z. d. V. d. J. 1929; er wird Mitteilungen enthalten über den Einfluß des Rillengrundhalbmessers, der Schlagart mit verschiedenen Seilen und Drahtstärken, der Seilbelastung, der Drahtfestigkeit auf die Lebensdauer von Aufzug- und Kranseilen. Weiter

Abb. 115.

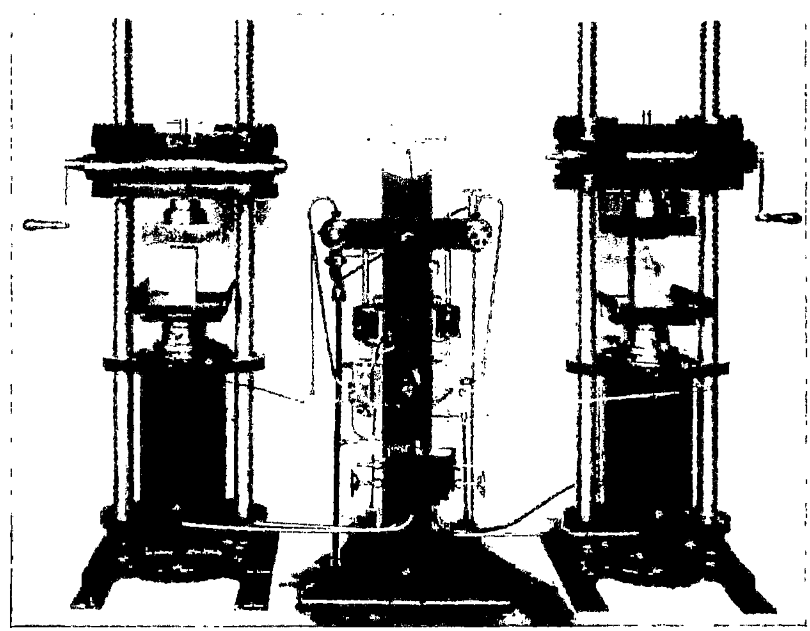

Abb. 116.

wird u. a. der Einfluß der Zahl der Biegungswechsel bzw. der Zahl der Drahtbrüche auf die Abminderung der Seiltragkraft verfolgt.

[2] Scoble: Proceedings of the Institution of Mechanical Engineers, Bd. II, S. 1193ff. 1924; Bd. I, S. 353ff. 1928. Referat von Püngel in Stahl und Eisen 1928, S. 1717ff.

selten Aufdoldungen und Verquetschungen nach Abb. 115, wodurch ein vorzeitiges Unbrauchbarwerden eintritt. Über die Widerstandsfähigkeit der Drähte vgl. unter A, XIV, S. 40 ff., auf S. 78 ff. (über Federstahl).

d) Nietverbindungen. Zur Prüfung von Konstruktionselementen, die oftmaligen, jedoch minutlich nur bis etwa 4 maligem Lastwechsel zu

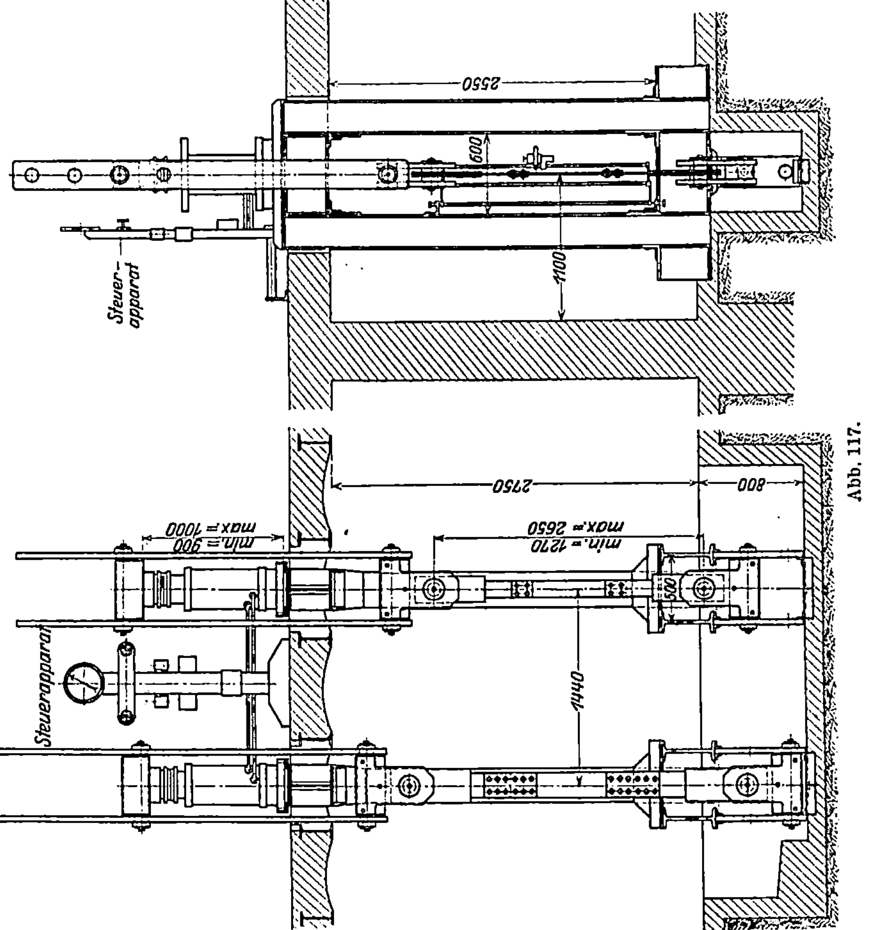

unterwerfen sind, hat der Verfasser die in Abb. 116 dargestellte Einrichtung (Maschine von Amsler, mit Stuttgarter Verbesserungen) zur Aufstellung gebracht; sie wurde für Nietverbindungen gemäß Abb. 117 ausgestattet[1]. Das Schema der Steuereinrichtung findet sich in Abb. 118.

[1] Versuche mit Nietverbindungen in Arbeitsgemeinschaft mit Oberrat Dr.-Ing. Schächterle für die deutsche Reichsbahn und den Deutschen Stahlbauverband. — Vgl. auch Schächterle: Organ Fortschr. Eisenbahnwes. 1924, S. 47 ff.; ferner Bautechn. 1928, S. 81 ff.

Bei Nietverbindungen sind die Belastungen festzustellen, unter denen die Verschiebungen noch zur Ruhe kommen; sodann ist die Abminderung der Höchstlast gegenüber den Höchstlasten bei gewöhnlichen Versuchen zu erkunden; auch der Bruchvorgang bedarf aufmerksamer Verfolgung.

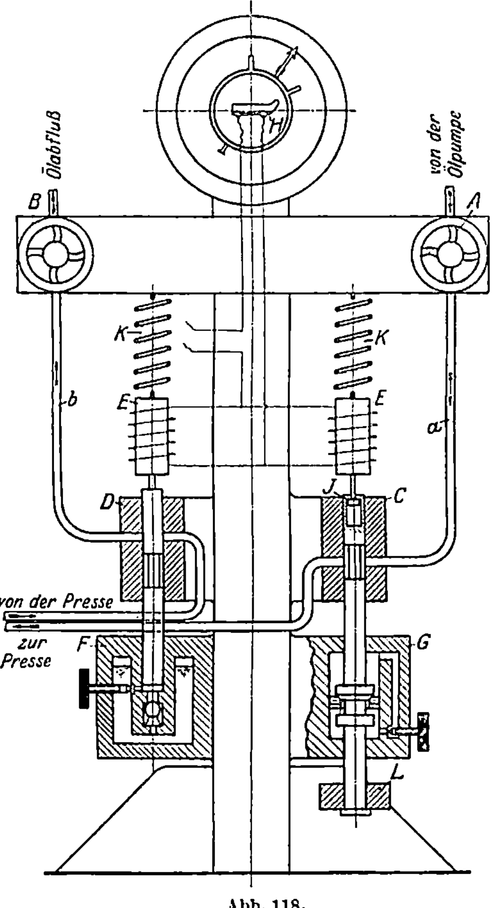

Abb. 118.

Abb. 119. Blech aus einer Nietverbindung, die oftmals belastet und entlastet worden war. Rechts und links von der Lochwand ausgehend Riß im Blech.

Zu Abb. 118.

A = Belastungsventil, Regulierung der Belastungsgeschwindigkeit; B = Entlastungsventil, Regulierung der Entlastungsgeschwindigkeit; C und D = Schieber; E = Elektromagnete; F = Ölbremse zur Einstellung der Zeit, während der die Höchstlast wirksam ist; G = Ölbremse zur Einstellung der Zeit der vollständigen Entlastung; H = Quecksilberunterbrecher; J = Lose Kupplung; L = Gewicht.

Belastung: Stromkreis geschlossen, Elektromagnet öffnet durch Schieber C Leitung a. Drucköl fließt in die Presse, Schieber D geschlossen.

Entlastung: Stromkreis unterbrochen, Federn KK schließen Schieber C und öffnen Schieber D, Öl fließt durch Leitung b von der Presse fort.

Im Einklang mit dem S. 51 ff. Gesagten beginnt der Bruch der Verbindungen mit den zur Zeit üblichen Abmessungen am Rand der Nietlöcher, wie Abb. 119 und 120 erkennen lassen.

Ausführliche Mitteilungen erscheinen erst angezeigt, wenn die Versuche weiter vorgeschritten sind.

e) Dampfturbinenschaufeln. Wichtige Anregungen für die Gestaltung der Schaufeln sind den Versuchen von Lasche und Kieser (vgl. S. 54) in bezug auf die Abrundung des Schwalbenschwanzes, sodann den Versuchen von Anoschenko hinsichtlich der Abrundung der Schaufelkanten zu entnehmen[1].

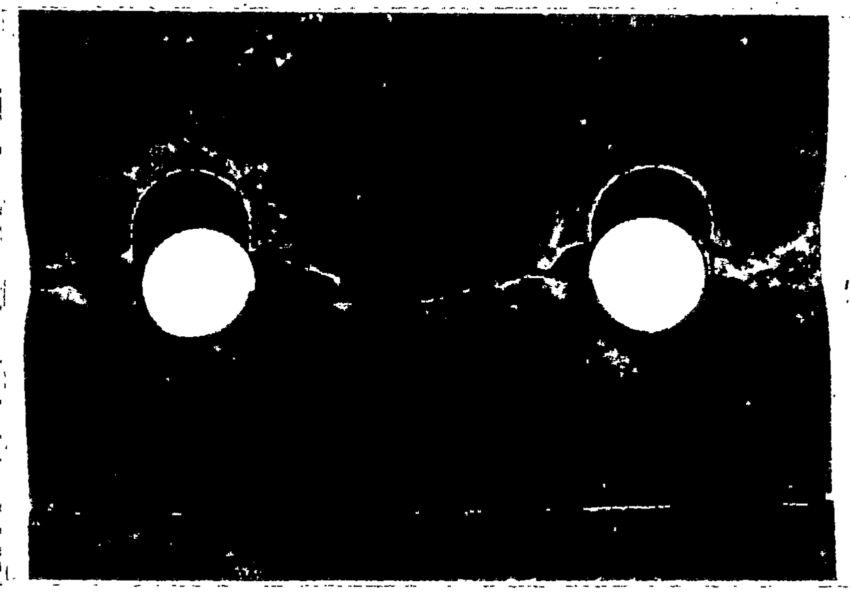

Abb. 120. Nietverbindung, die oftmals belastet und entlastet worden war. Die Risse begannen wie in Abb. 119 an den Wänden der Nietlöcher als Dauerbruch (ohne Einschnürung); später erfolgte auf dem Restquerschnitt der Gewaltbruch (mit Einschnürung).

B. Aus Dauerversuchen mit Stahlguß.

H. F. Moore[2] hat mit Proben verschiedener Zusammensetzung nach verschiedener Behandlung die Schwingungsfestigkeit bei Biegebelastung

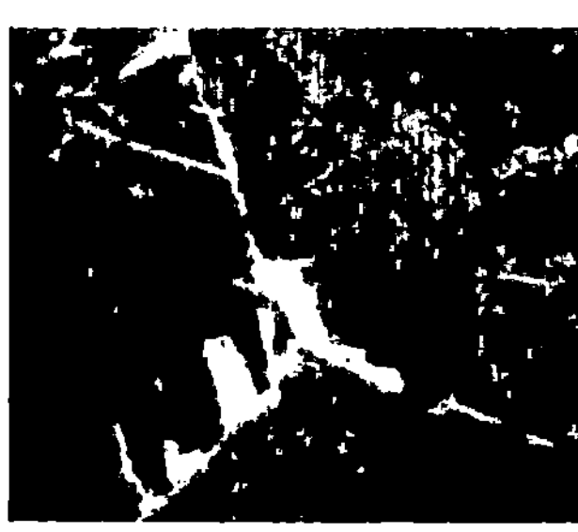

Abb. 121. Abb. 122.

Stahlguß 81 (0,35% C; 1.71% Mn; 0,3% Si; 0,02% P und 0,03% S). Abb. 121: Einlieferungszustand. Abb. 122: Erwärmt auf 899° C (1 Stunde beibehalten, dann Abkühlung an der Luft), erneut erwärmt auf 829° C, wieder 1 Stunde beibehalten, Abkühlung an der Luft.

---

[1] Anoschenko: Power, Bd. 68, S. 590ff. 1928.

[2] Moore, H. F.: Bulletin 156 der Engineering Experiment Station of the University of Illinois 1926.

festgestellt (1500 Umläufe in der Minute, 7,6 mm Stabdurchmesser). Abb. 121 bis 125 geben Aufschluß über das Gefüge einiger Proben. Durch das Glühen wurde die Widerstandsfähigkeit erhöht, wie folgende Angaben erkennen lassen:

$$\begin{array}{ccccc} \text{Abb. } 121 & 122 & 123 & 124 & 125 \\ D_s = 2250 & 3160 & 1900 & 2460 & 2180 \text{ kg/cm}^2. \end{array}$$

Abb. 123.

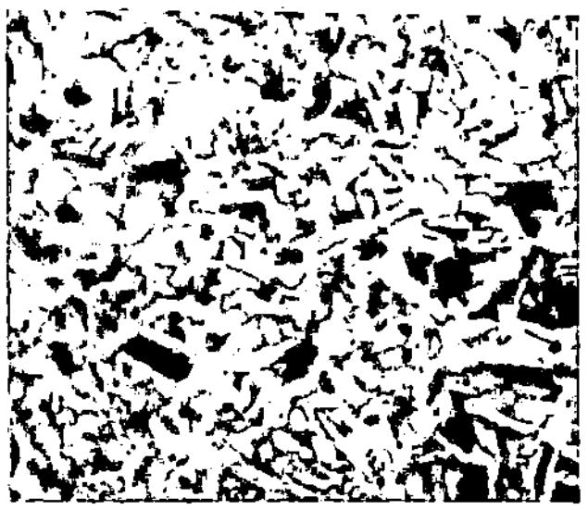

Abb. 124.

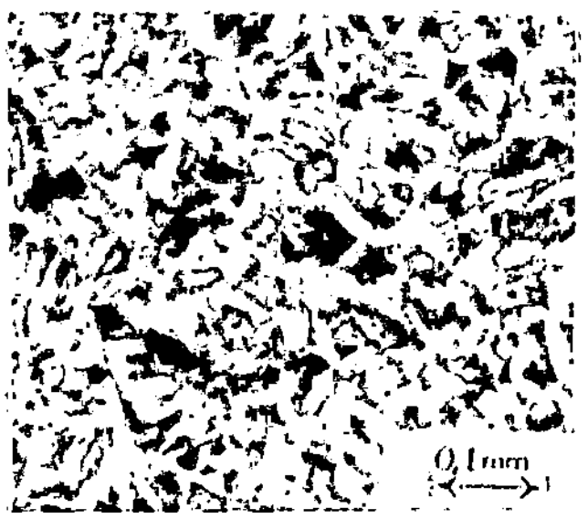

Abb. 125.

Stahlguß 82 (0,25% C; 0,68% Mn; 0,32% Si; 0,012% P und 0,032% S). Abb. 123: Einlieferungszustand. Abb. 124: Erwärmt auf 885° C. 1 Stunde beibehalten, Abkühlung an der Luft. Abb. 125 wie Abb. 124, dann angelassen bis 600° C, 1 Stunde beibehalten, dann Abkühlung an der Luft.

Das Verhältnis der Schwingungsfestigkeit D_s zur Zugfestigkeit K_z fand sich zu 0,40 bis 0,46, also etwas kleiner als die mittleren Verhältniszahlen für gewalzten Stahl.

Hervorzuheben ist ferner, daß für Stahl „82", behandelt nach Abb. 124, mehr als 10 Millionen Lastwechsel nötig waren, um die Schwingungsfestigkeit festzustellen[1].

C. Aus Dauerversuchen mit Gußeisen[2].

I. Schwingungsfestigkeit bei Biegebelastung.

Moore, Lyon und Inglis[3] untersuchten vier Sorten Gußeisen mit Stäben von rund 8,9 mm Durchmesser bei 1500 Umdrehungen in der

[1] Vgl. A IV, S. 9.

[2] Auf die ersten Dauerversuche mit Gußeisen ist bereits S. 4 kurz eingegangen.

[3] Moore, Lyon und Inglis: Bulletin 164 der Engineering Experiment Station of the University of Illinois 1927.

Minute. In Abb. 126 bis 129 ist das Gefüge von zwei Gußeisensorten wiedergegeben. Das Gußeisen 91 kennzeichnet sich nach der Graphitverteilung (Abb. 126) und nach dem Anteil des Perlits (Abb. 127) als guter Maschinenguß. Die Zugfestigkeit K_z dieses Materials ist zu 1840 kg/cm² angegeben. Das Gußeisen 94A wies gröbere Graphitverteilung (Abb. 128) und wenig Perlit, also vornehmlich Ferrit auf (Abb. 129); die Zugfestigkeit K_z betrug 1500 kg/cm². Die Schwingungsfestigkeit D_s fand sich

für Gußeisen 91
zu 840 kg/cm²,
für Gußeisen 94A
zu 490 kg/cm²,

also für das letztere weit kleiner.

Das Verhältnis $D_s : K_z$ betrug

bei Gußeisen 91   94A
0,46   0,33.

Für die weiteren Versuche von Moore, Lyon und Inglis ist $D_s : K_z$ zu 0,33 bis 0,38 ermittelt worden.

Lehr hat dem Verfasser 1928 mitgeteilt, daß nach den Versuchen bei Schenck zu erwarten sei

für gewöhnlichen Grauguß
D_s = 600 kg/cm²,
für Zylinderguß
D_s = 900 kg/cm²,
für Sonderguß
D_s = 1100 bis 1200 kg/cm².

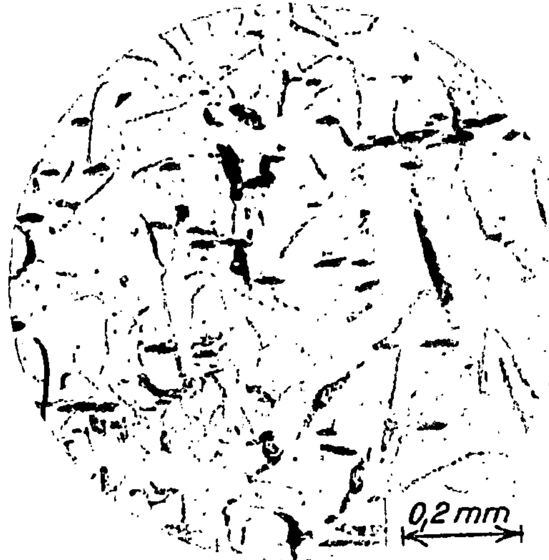

Abb. 126. Gußeisen „91".

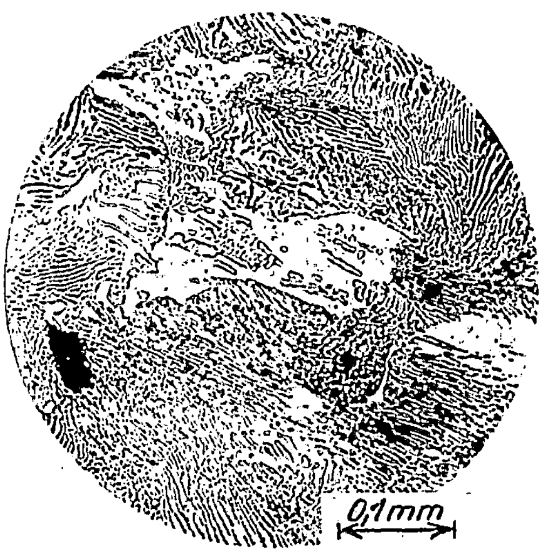

Abb. 127. Gußeisen „91".

Stuttgarter Versuche (1928) mit Sonderguß lieferten D_s zu rund 1150 bis 1450 kg/cm². Das Gefüge des Materials mit D_s = 1450 kg/cm² ist in Abb. 130 und 131 wiedergegeben; es zeigt weitgehende Verteilung des Graphits und feinen Perlit.

II. Beziehungen zwischen der Biegefestigkeit und der Zahl der Lastwechsel.

Abb. 132 enthält die Ergebnisse des Gußeisens 93 von Moore, Lyon und Inglis. Die Widerstandsfähigkeit nahm mit der Zahl der Lastwechsel rasch ab.

Abb. 132 deutet durch die Nebenfigur weiter an, daß die Biegefestigkeit des Gußeisens durch mehr als etwa 10 Millionen Lastwechsel nicht mehr abgenommen hat; es kann also von einer Dauerfestigkeit des Gußeisens 93 bei gewöhnlicher Temperatur gesprochen werden, ähnlich wie dies beim Stahl unter A, IV geschehen ist.

Abb. 128. Gußeisen 94 A.

III. Ursprungsfestigkeit D_u des Gußeisens bei Zug- und bei Druckbelastung.

Moore, Lyon und Inglis fanden für Gußeisen 92 (Zugfestigkeit $K_z = 2220\ \mathrm{kg/cm^2}$, Druckfestigkeit $K = 7800\ \mathrm{kg/cm^2}$,

Schwingungsfestigkeit $D_s = 740\ \mathrm{kg/cm^2}$),

für Zug
$D_{uz} = 1090\ \mathrm{kg/cm^2}$,
für Druck
$D_{ud} = 4570\ \mathrm{kg/cm^2}$,

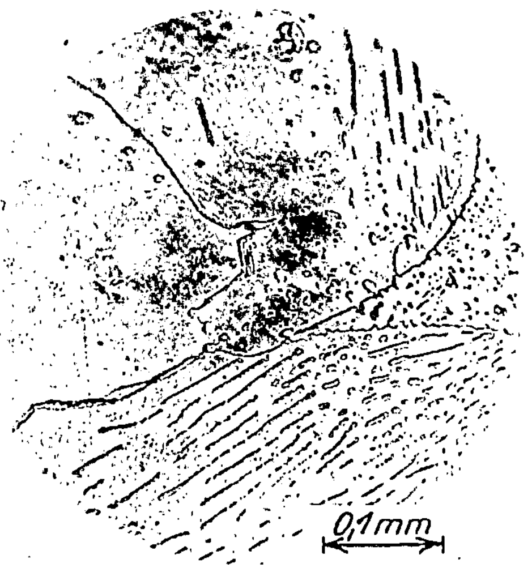

Abb. 129. Gußeisen 94 A.

ferner beim Wechsel zwischen der Druckspannung σ_0 und der Zugspannung $\sigma_u = 0,2\ \sigma_0$

$$D = 2250\ \mathrm{kg/cm^2}.$$

Der hohe Druckwiderstand des Gußeisens ist hiernach bei oftmals wiederholter Druckbeanspruchung weitgehend nutzbar; das Verhältnis $D_{uz}:K$ fand sich zu rund 0,59.

IV. Einfluß oftmaliger Belastung nahe der Schwingungsfestigkeit auf die statische Zugfestigkeit von Gußeisen.

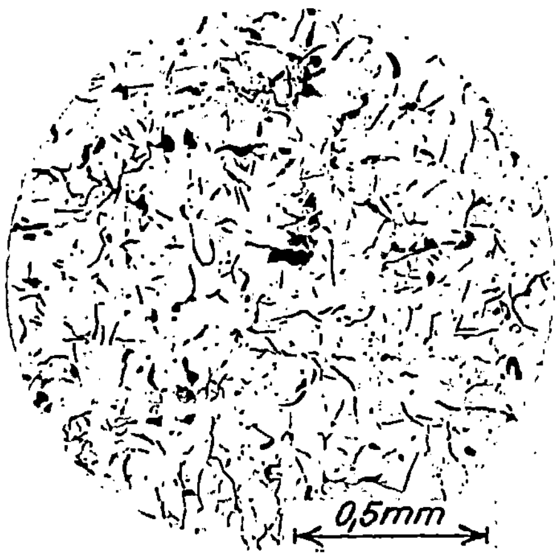

Abb. 130.

Nach den wiederholt genannten Versuchen von Moore, Lyon und Inglis ist die Zugfestigkeit durch oftmalige Vorbelastung um rund 8 bzw. 10% verringert worden. Jedoch liegen nur 2 Versuche vor, was bei Beurteilung der Ergebnisse besonders zu beachten ist.

V. Vorgänge in den Kristalliten des Gußeisens bei oftmaliger Belastung.

Auf einem polierten Stab aus Gußeisen 94B (vgl. unter C, I) sind nach dem Dauerversuch Linien nach Abb. 133 festgestellt worden, die als Gleitlinien im Ferrit aufzufassen sein dürften (vgl. dazu unter A, X, S. 32 ff.).

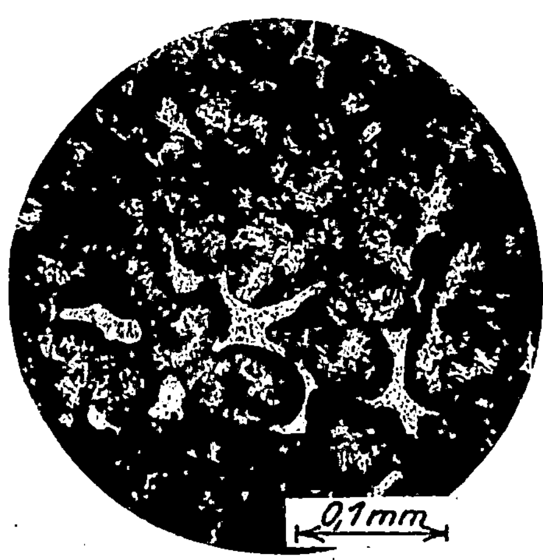

Abb. 131.

VI. Ermittlung der Arbeit, welche ein Gußeisenstab bei oftmaliger Belastung und Entlastung aufnimmt.

Abb. 134 und 135 enthalten die Angaben der Prüfung von zwei Gußeisensorten, festgestellt bei Schenck in Darmstadt, nach dem Verfahren von Lehr. Das Gußeisen zu Abb. 134 hat von Beginn des Versuchs an deutlich meßbare Arbeit aufgenommen, während dies beim Sondergußeisen zu Abb. 135 erst nach $\sigma = 1250\,\text{kg/cm}^2$ festzustellen war. Zur Erörterung solcher Ergebnisse sind weitere Versuche nötig.

VII. Einfluß oftmaliger Belastung und Entlastung unterhalb der Dauerfestigkeit.

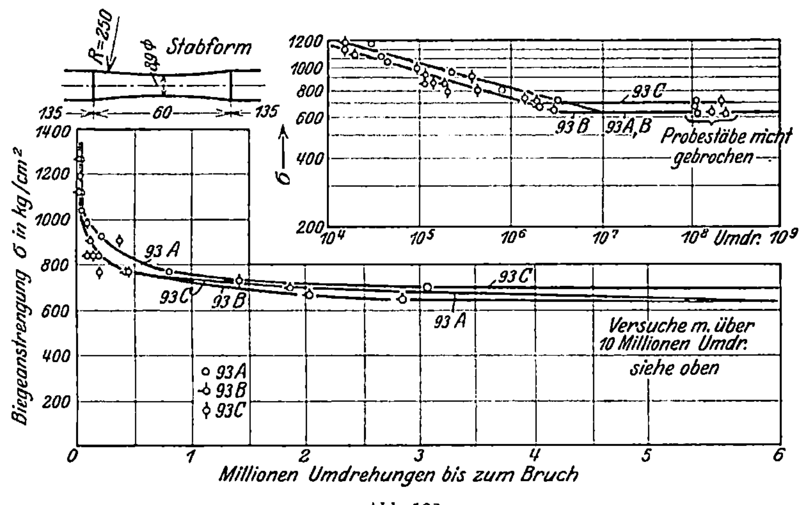

Abb. 132.

Moore, Lyon und Inglis[1] berichteten, daß oftmalige Belastungen (rund 13 bis 24 Millionen Lastwechsel des rotierenden Stabes bei 1500

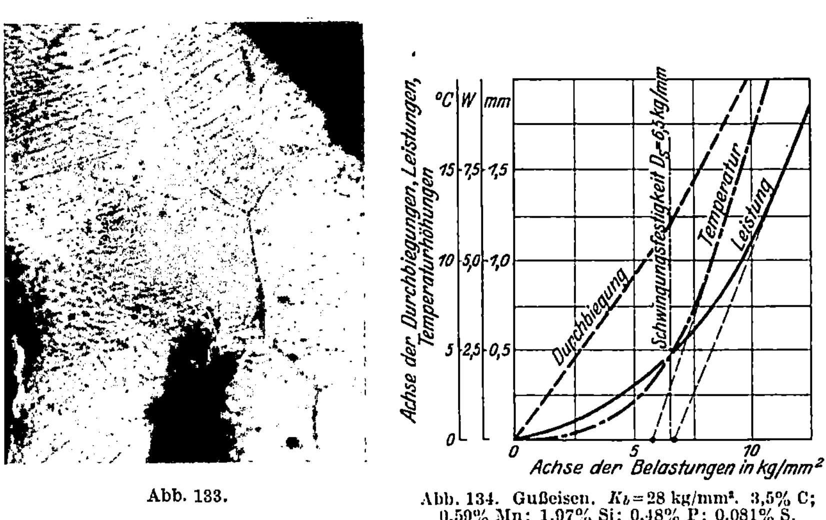

Abb. 133.

Abb. 134. Gußeisen. K_b=28 kg/mm². 3,5% C; 0,59% Mn; 1,97% Si; 0,48% P; 0,081% S.

Umdrehungen in der Minute) die Schwingungsfestigkeit D_s von Gußeisen bedeutend erhöhen können. Dabei lagen die Vorbelastungen nahe

---

[1] Moore, Lyon und Inglis: Bulletin 164 der Engineering Experiment Station of the University of Illinois 1927, S. 18ff.

der in üblicher Weise ermittelten Schwingungsfestigkeit (Belastung, die bei 10 Millionen Lastwechseln getragen wird). Die Zunahme betrug 16 bis 43%.

Diese Ergebnisse deuten an, daß die inneren Spannungen des Gußeisens durch die gewählte Beanspruchung verringert und so der Widerstand gegen äußere Kräfte erhöht wurde[1].

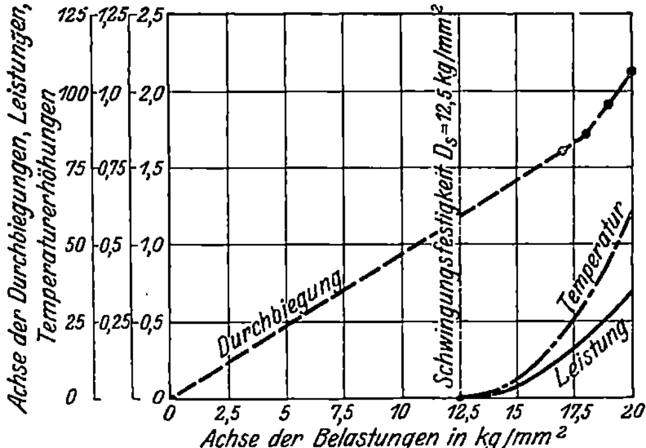

Abb. 135. Spezialgußeisen. K_B = 56,3 kg/mm². 2,69% C; 1,02% Mn; 2,42% Si; 0,11% P und S.

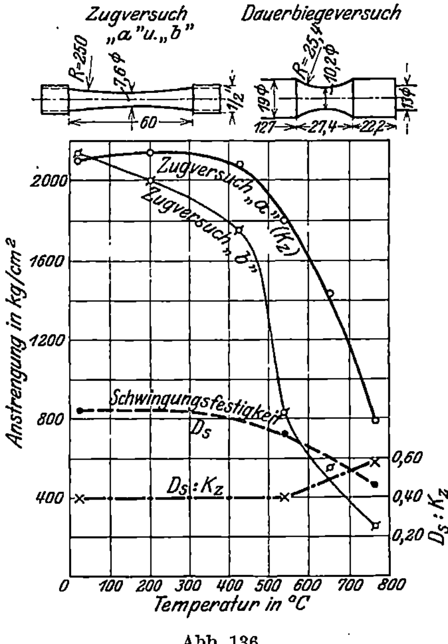

Abb. 136.

VIII. Versuche mit Stäben, welche die Bedeutung örtlicher Spannungserhöhungen bei Gußeisen erkennen lassen.

Versuche, die zu den unter VII genannten gehören, geben an, daß die Spannungserhöhungen bei Eindrehungen und dgl. in Gußeisenstäben weniger zur Geltung kommen als bei Stahl. Die Berichter vermuten, daß die Beeinträchtigung des Widerstandes, welche durch die Gestaltung des Werkstücks an sich zustande

---

[1] Weiter deuten diese Beobachtungen an, daß die Ermittlung der Schwingungsfestigkeit von Gußeisen Schwierigkeiten begegnet, weil die Widerstandsfähigkeit durch Vorbelastung erheblich geändert werden kann. Es erscheint deshalb geboten, die bisherigen Feststellungen über die Dauerfestigkeit von Gußeisen mit Vorsicht zu benutzen, bis weitere Feststellungen vorliegen.

kommt, bei Gußeisen weniger in Erscheinung treten muß, weil dieser Werkstoff schon durch die Graphiteinlagerungen viele Stellen mit Spannungswellen aufweist.

IX. Dauerfestigkeit (Zugfestigkeit und Biegefestigkeit) des Gußeisens bei höherer Temperatur.

Abb. 136 enthält Versuchsergebnisse von Moore, Lyon und Inglis[1] (Gußeisen 92).

Zugversuch a entspricht dem gewöhnlichen Zugversuch; Zugversuch b ist viel langsamer durchgeführt worden, in der Regel mehrere Tage dauernd. Die Belastungsdauer hat die Zugfestigkeit bei Zimmertemperatur nicht beeinflußt; bei höheren Temperaturen war jedoch mit Zunahme der Temperatur rasch wachsende Verminderung festzustellen[2].

Die Schwingungsfestigkeit betrug 0,4 bis 0,6 K_z.

X. Schwingungsfestigkeit D_s des Gußeisens im fließenden Wasser.

Nach H. F. Moore hat D_s für Gußeisen 93 (vgl. unter II, S. 87) im fließenden Wasser keine Verminderung der Schwingungsfestigkeit erfahren[3].

D. Dauerversuche mit Kupfer[4], Messing (Kupfer mit Zink) und Bronze (Kupfer mit Zinn oder Aluminium).

I. Versuche bei ruhender Last.

Ludwik[5] fand für $^1/_2$ mm starke Drähte aus Elektrolytkupfer:

Mit $P = 3500$ g war der Draht nach 2 Jahren noch nicht gebrochen, hatte aber immerhin die halbe Bruchdehnung erfahren.

Belastung P	Zeit, welche unter Wirkung von P bis zum Bruch verstrich
4958 g	5 Minuten
4785 g	2 Stunden
4500 g	90 Stunden
3950 g	$14^1/_2$ Monate

[1] Moore, Lyon und Inglis: Bulletin 164 der Engineering Experiment Station of the University of Illinois 1927, S. 32ff.

[2] Bei Beurteilung der Ergebnisse ist zu beachten, daß der Kohlenstoff im Eisenkarbid des Gußeisens nicht stabil ist; die Ausscheidung als Graphit wird durch langdauernde Erwärmung unterstützt. Über Volumenänderungen des Gußeisens vgl. z. B. Oberhoffer, Das technische Eisen, 2. Aufl., S. 570; ferner Bauer, Das Gußeisen als Werkstoff und Baustoff, Veröfftlg. preuß. Dampfkesselüberwachungsvereine, Bd. III, S. 8ff.

[3] Moore: Proceedings of the American Society for Testing Materials, Bd. 27 II. S. 147 u. 148. 1927.

[4] Über die Elastizität von Kupfer vgl. Kuntze, Meßtechnik 1928, S. 231ff.

[5] Ludwik: Z. V. d. I. 1913, S. 212.

Hiernach dürfte die Dauerzugfestigkeit des verwendeten Kupfers 70% der gewöhnlichen Zugfestigkeit nicht überschreiten.

Welters Versuche mit Kupfer und Messing[1] zeigen folgendes.

Werkstoff	Zug-festigkeit (kg/mm²)	Dauerbelastung	
		von (kg/mm²)	wurde getragen
Kupfer:			
(99,94%)	33,4	25	9 Monate
		20	12 Monate ohne Bruch
Messing aus Werk I:			
(56,9% Cu, 1,74% Pb)	45,0	40	8 Tage
		35	12 Monate ohne Bruch
Messing aus Werk II			
(56,3% Cu, 1,82% Pb):	51,5	40	1 Tag
		35,30	25 Tage
		25	45 ,,
		20	42 ,,
		16	110 ,,

Das Messing aus Werk II war beim gewöhnlichen Zugversuch widerstandsfähiger als das Messing aus Werk I, beim Dauerversuch aber erheblich geringerwertig.

II. Schwingungsfestigkeit bei Biegebelastung[2,3].

Ergebnisse von Versuchen in Dayton (R. R. Moore) und Urbana (H. F. Moore und Jasper)[4] sind in Zusammenstellung 7 mitgeteilt; sie zeigt zunächst, daß das Verhältnis $D_s : K_z$ 0,18 bis 0,50 betrug, also im Mittel erheblich kleiner ausfiel als bei Stahl (vgl. S. 12ff.). Die Zahl der Umdrehungen, die zur Ermittlung der Schwingungsfestigkeit nötig waren, mußte zum Teil viel größer als bei Stahl gewählt werden (vgl. dazu S. 8ff.).

Besonders hervorzuheben ist ferner, daß durch Kaltbearbeitung die Schwingungsfestigkeit von Messing und Bronze nur wenig gehoben wurde, jedenfalls viel weniger als die Zugfestigkeit.

Spätere Versuche von Moore, Lyon und Inglis mit geglühtem Messing[5] zeigten im Einklang mit dem soeben Gesagten, daß die Schwin-

---

[1] Welter: Z. Metallkunde 1926, S. 75ff.; 1928, S. 53.

[2] Moore, H. F. und Howard haben lehrreiche Beobachtungen über die Änderungen des Gefüges von gewalztem Kupfer mitgeteilt; ihre Erörterung ginge über den Rahmen des vorliegenden Buchs hinaus.

[3] Irwin hat die Schwingungsfestigkeit einer Manganbronze bei Zug-Druck-Belastung mit minutlich 2000 Lastwechseln etwas größer gefunden als bei Biegebelastung (Zahl der Lastwechsel nicht angegeben), Proceedings of the American Society for Testing Materials, Bd. 25 II, S. 53ff. 1925.

[4] Moore, H. F. und Jasper: Bulletin 152 der Engineering Experiment Station of the University of Illinois 1925, S. 43ff.

[5] Moore, Lyon und Inglis: Bulletin 164 der Engineering Experiment Station of the University of Illinois 1927, S. 23.

Zusammenstellung 7. (Aus Dauerversuchen mit Kupfer, Messing und Bronze.)

Bezeichnung im Originalbericht	Versuchsort	Chemische Zusammensetzung in Prozent					Behandlung	Zugfestigkeit K_z kg/cm²	Schwingungsfestigkeit D_s kg/cm²	$D_s : K_z$	Zahl der Lastwechsel (Umläufe), nach der Verminderung der Schwingungsfestigkeit nicht mehr beobachtet wurde[1]
		Eisen	Kupfer	Aluminium	Zink	Zinn					
							a) Kupfer.				
102 A	Urbana	—	99,895	—	—	—	von 1″ Durchmesser mit Zwischenglühungen auf ³/₄″ Rundkupfer gezogen. Dann auf 700° C während 30 Min. geglüht	2280	700	0,31	10^9 bis 10^{10}
102 B	,,	—	99,895	—	—	—	wie 102A, dann auf ¹/₂″ gezogen; blieb hart;	3950	700	0,18	10^9 bis 10^{10}
							b) Messing.				
—	Dayton	0,002	60,81	—	38,32	0,85	—	4800	1550	0,32	10^7
103	Urbana	0,02	60,25	—	39,61	—	³/₄″ Rundmessung gezogen; nach dem Ziehen auf 550° C während 30 Minuten erwärmt	4640	2040	0,44	mehr als 10^{10}
105 A	,,	0,03	59,78	—	40,11	0	—	3810	1550	0,41	10^8
105 B	,,	0,03	59,78	—	40,11	0	wie 103 u. 105A, dann auf ¹/₂″ gezogen; blieb hart	6800	1830	0,27	mehr als 10^{10}
							c) Bronze.				
104 A	Urbana	—	94,96	—	—	4,89	³/₄″ Durchmesser gezogen; dann auf 700°C während 30 Minuten erwärmt	3210	1620	0,50	10^7 bis 10^8
104 B	Urbana	—	94,96	—	—	4,89	wie 104A gegossen, dann auf 1″ gezogen; blieb hart	5980	1900	0,32	10^7 bis 10^8
7 (D)	Dayton	—	90,22	9,78	—	—	gegossen	4170	1620	0,39	10^6 bis 10^7
8 (D)	,,	—	90,22	9,78	—	—	nach dem Guß durch wiederholte Wärmebehandlung vergütet	5470	1900	0,35	10^6

[1] Zahl der Umläufe, die nach den Angaben von Moore und Jasper für das geprüfte Material nötig ist, um die Schwingungsfestigkeit zu ermitteln (vgl. unter A, S. 8 ff.).

gungsfestigkeit D_s des geprüften Stoffes durch oftmalige Vorbelastung nahe D_s nicht deutlich geändert wurde.

Über umfangreiche Untersuchungen hat McAdam berichtet[1]. Abb. 137 zeigt Ergebnisse für Legierungen des Kupfers mit Zink, Zinn und Aluminium. Das Verhältnis der Schwingungsfestigkeit D_s, ermittelt am umlaufenden Stab mit frei schwingendem Ende, zur Zugfestigkeit beträgt hier rund 0,25 bis 0,5.

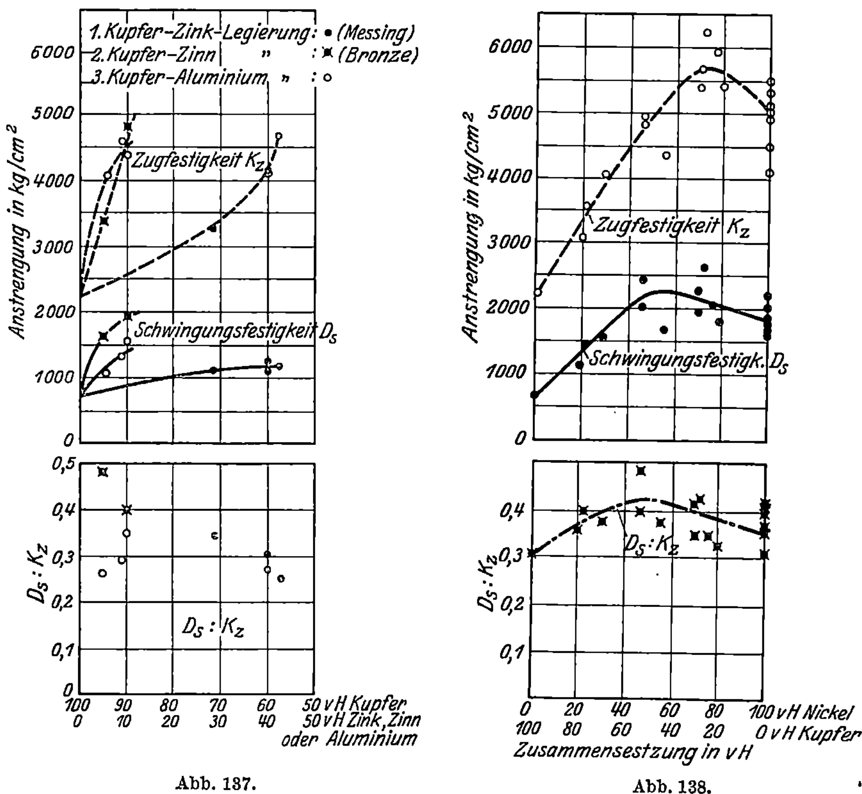

Abb. 187.   Abb. 138.

III. Schwingungsfestigkeit von Kupfer bei Einwirkung von Leitungswasser und Salzwasser.

McAdam[2] fand die Schwingungsfestigkeit von Stäben aus heiß und kalt gewalztem Kupfer (99, 996% Kupfer), wenn sie von Leitungswasser oder Seewasser bespült waren, ein wenig größer als wenn sie an der Luft liefen.

---

[1] McAdam: Proceedings of the American Society for Testing Materials, Bd. 25 II, S. 84ff. 1925.

[2] McAdam: Proceedings of the American Society for Testing Materials, Bd. 27 II, S. 102ff. 1927.

IV. Aus Schlagversuchen mit Kupfer, Messing und Bronze.

Versuche mit Kupfer und Messing auf dem Dauerschlagwerk Bauart Krupp gab Welter bekannt[1].

E. Dauerversuche mit Nickel und Nickellegierungen.

Abb. 138 enthält anschauliche Feststellungen von McAdam mit Nickel-Kupfer-Legierungen[2]. Das Verhältnis der Schwingungsfestigkeit D_s des umlaufenden Biegestabs zur Zugfestigkeit K_z fand sich zu

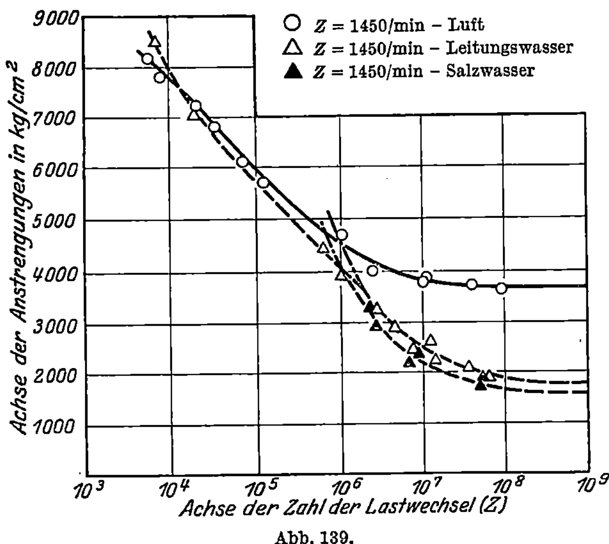

Abb. 139.

0,3 bis 0,5. Im gleichen Rahmen liegen die Angaben von Moore und Jasper über Nickel und Monelmetall (69 bzw. 66% Nickel, 27 bis 29% Kupfer)[3]. Die Zahl der Lastwechsel, welche zur Bestimmung von D_s nötig erscheint, kann nach den genannten Versuchen für Nickel zu mindestens 1000 Millionen angenommen werden (vgl. Abb. 139). Durch Kaltbearbeitung wird nach McAdam[4] bei Monelmetall D_s ungefähr ebenso gehoben wie K_z.

---

[1] Welter: Z. V. d. I. 1926, S. 654.

[2] McAdam: Proceedings of the American Society for Testing Materials, 1925, S. 88ff.

[3] Moore und Jasper: Bulletin 152 der Engineering Experiment Station of the University of Illinois 1925, S. 43ff.

[4] McAdam: American Society for Testing Materials, Bd. 26 II, S. 230ff. 1926.

McAdam[1] hat weiter gefunden, daß die Widerstandsfähigkeit von Nickelstäben, die in Leitungswasser oder in Seewasser liefen, bei Belastungen, die 10^6 mal und länger ertragen werden, bedeutend kleiner wird als bei der Prüfung in der Luft. Auch beim Monelmetall trat eine erhebliche Abminderung von D_s durch den Angriff der Wässer auf (vgl. Abb. 140). McAdam fand schließlich, daß die Nickel-Kupfer-Legie-

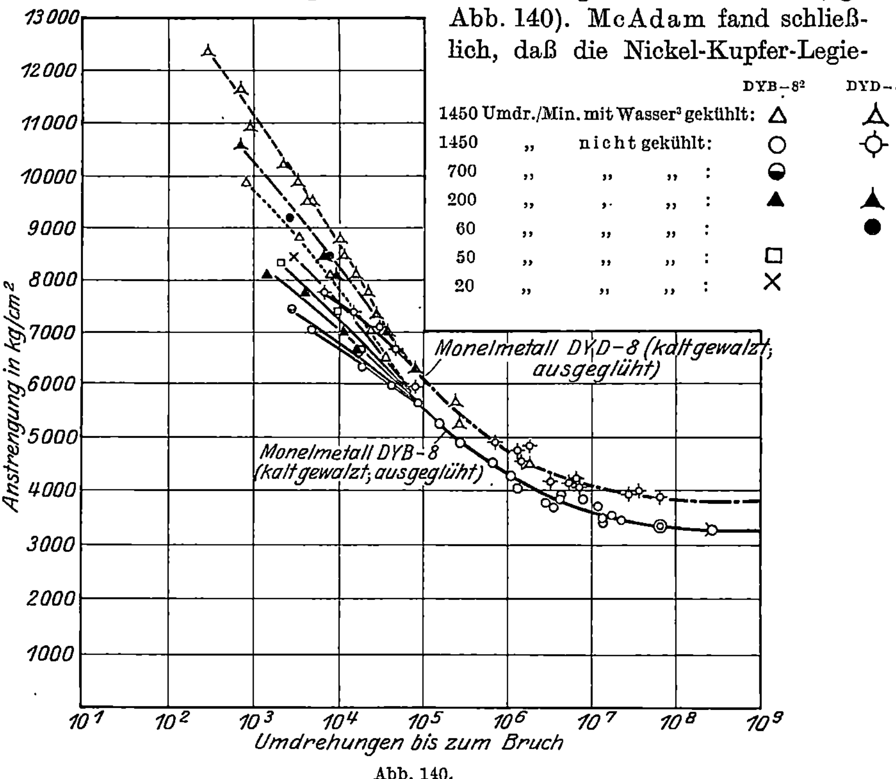

Abb. 140.

rungen mit 21 bis 99% Nickel fast gleiche Schwingungsfestigkeiten lieferten, wenn sie den fließenden Wässern ausgesetzt wurden[4].

Versuche mit Dampfturbinenschaufeln aus Nickellegierungen gaben Moore, Lyon und Alleman bekannt. Die Erörterung ist für später vorbehalten[5].

---

[1] McAdam: Proceedings of the American Society for Testing Materials 1927, S. 102ff.

[2] 1450 Umdr./Min., nicht gekühlt, noch nicht gebrochen: ◑.

[3] Kühlwassertemperatur: 15,6 bis 21,1° C.

[4] Eine Erklärung dieser wichtigen Feststellung wird u. a. in dem Umstand gesucht, daß die Nickel-Kupfer-Legierungen fast gleiche Potentiale aufweisen (vgl. auch S. 73 bis 75).

[5] Moore, Lyon und Alleman: Bulletin 183 der Engineering Experiment Station of the University of Illinois, 1928.

F. Dauerversuche mit Aluminium und Aluminiumlegierungen.

I. Versuche bei ruhender Belastung.

Zuerst ist auf die Versuche von Welter[1] zu verweisen. Kennzeichnende Ergebnisse finden sich in der Zusammenstellung 8.

Zusammenstellung 8. (Versuche von Welter.)

Werkstoff	Zug-festigkeit (kg/mm²)	Dauerbelastung	
		von (kg/mm²)	wurde getragen
Reinaluminium hart; 99,5% Al .	11,5	6	12 Monate ohne Bruch
		8	8 Monate
		10	19 Tage
Duralumin	44	35	12 Monate ohne Bruch
		40	26 Stunden
Skleron	48	40	12 Monate ohne Bruch

Zusammenstellung 9. (Versuche von Wagner.)

1	2	3	4	5	6
Werkstoff[2]	Zug-festigkeit K_z kg/mm²	Dauer-stands-festigkeit D nach Pomp und Dahmen kg/mm²	$D:K_z$	Schwin-gungs-festigkeit D_s (n in der Regel 3500/Min) kg/mm²	$D_s:K_z$
Duralumin 681 B, geglüht . . .	26	21,8	0,84	10	0,38
„ 681 B, veredelt . . .	47,5	38,5	0,81	12	0,25
„ 681 B, Härte I . . .	52,5	32,5	0,62	10	0,19
„ 681 B¹/₃, geglüht . .	26	19,5	0,75	10	0,38
„ 681 B¹/₃, veredelt . .	41	28,8	0,70	11	0,27
„ 681 B¹/₃, Härte I . .	45,6	32,0	0,70	10	0,22
„ 681 A, geglüht . . .	26	17,2	0,66	10	0,38
„ 681 A, veredelt . . .	42,7	34,8	0,82	12	0,28
„ 681 A, Härte I . . .	45	36,2	0,80	11	0,24
Skleron	52	38	0,73	11	0,21
Silumin, gegossen mit $d = 13$ mm	19	—	—	4	0,21
„ gegossen mit $d = 16$ mm	17,5	—	—	4	0,23
Lautal, ausgeglüht	19,5	7,4	0,38	9	0,46
„ veredelt	32,5	19,5	0,60	10	0,31
„ Härte I	35,5	26,6	0,75	11	0,31

[1] Welter: Z. Metallkunde 1926, S. 117ff.; 1928, S. 53ff.

[2] Über die Zusammensetzung der hier genannten Werkstoffe enthält der Versuchsbericht keine Angaben. Zur Orientierung sei u. a. auf Hütte, Stoffkunde, 1926, S. 545ff. verwiesen.

Die Zugfestigkeit bei ruhender Dauerbelastung würde demnach bei Reinaluminium mindestens rund 50%, bei Duraluminium und Skleron mindestens etwa 80% der gewöhnlichen Zugfestigkeit betragen.

Wagner[1] hat für die in der Zusammenstellung 9 angegebenen Stoffe die Dehngrenze nach Pomp und Dahmen (Dauerstandsfestigkeit" D, vgl. S. 58) ermittelt. Das Verhältnis $D : K_z$ (Spalte 4) fand sich zu 0,38 bis 0,84[2].

II. Schwingungsfestigkeit D_s bei Biegebelastung.

R. R. Moore[3] fand für Aluminium mit 0,12% Kupfer, 0,49% Eisen und 0,15% Silicium und mit der Zugfestigkeit $K_z = 1590$ kg/cm²

$$D_s = 740 \text{ kg/cm}^2,$$

entsprechend $D_s : K_z = 0,46$.

Moore entnahm weiteren Beobachtungen eine besondere Empfindlichkeit des Aluminiums und der kaltbearbeiteten Aluminiumlegierungen gegen örtliche Spannungserhöhungen in Eindrehungen usw.

Über die Versuche von McAdam mit Aluminiumkupferlegierungen ist schon unter D, II (Abb. 137) das Wichtigste mitgeteilt.

Wissenschaftlich tiefgreifende Untersuchungen stammen von Gough, Hanson und Wright[4].

Über die Versuche von Wagner[1] gibt die Zusammenstellung 9 Auskunft. Hiernach ist die Schwingungsfestigkeit der sog. veredelten Legierungen nur um $^1/_{10}$ bis $^1/_5$ höher ausgefallen als die der geglühten, in einem gewissen Gegensatz zu dem Verhalten der Stoffe beim gewöhnlichen Zugversuch. $D_s : K_z$ fand sich zu 0,19 bis 0,46[5].

Aus der deutschen Versuchsanstalt für Luftfahrt stammen folgende Zahlen[6].

Festigkeit	Duralumin (Stangen)	Lautal (Stangen)	Aeron (Platten)	Elektron AZM (Stangen)
Zugfestigkeit K_z	42,4	37,6	35,9	33,6 kg/mm²
Schwingungsfestigkeit D_s . .	14	13,4	12,3	15,5 „
$D_s : K_z$	0,33	0,36	0,34	0,46.

[1] Wagner: Die Bestimmung der Dauerfestigkeit der knetbaren, veredelbaren Leichtmetallegierungen, 1928.

[2] Da die Bedeutung der „Dauerstandsfestigkeit" noch nicht genügend erkundet ist, wird die Anwendung der Ergebnisse gehindert.

[3] Moore, R. R.: Proceedings of the American Society for Testing Materials, Bd. 25 II, S. 66ff. 1925.

[4] Gough, Hanson und Wright: Philosophical Transactions of the Royal Society of London, Bd. 226, S. 1ff.; Aeronautical Research Comitee, Reports and Memoranda Nr. 1110, 1927.

[5] Während der Drucklegung des Buches erschien eine wertvolle Arbeit von Ludwik und Schen (Metallwirtschaft 1929, (S. 1 bis 5); sie berichten über Versuche mit Duralumin, das sich sehr wenig kerbempfindlich erwiesen habe.

[6] Brenner: Z. V. d. I. 1928, S. 1884 (Maschine von Schenck).

.1	2	3	4
Stabform (Maße in mm)	Abmessungen der Eindrehung	Zugfestig-keit K_z kg/cm²	Schwingungs-festigkeit D_s kg/cm²
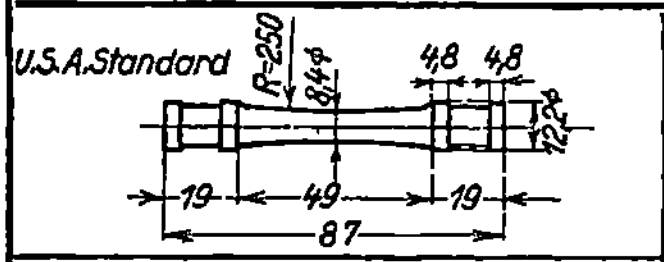 U.S.A.Standard	—	4210 $(D_s : K_z = 0{,}23)$	985 (1,00)
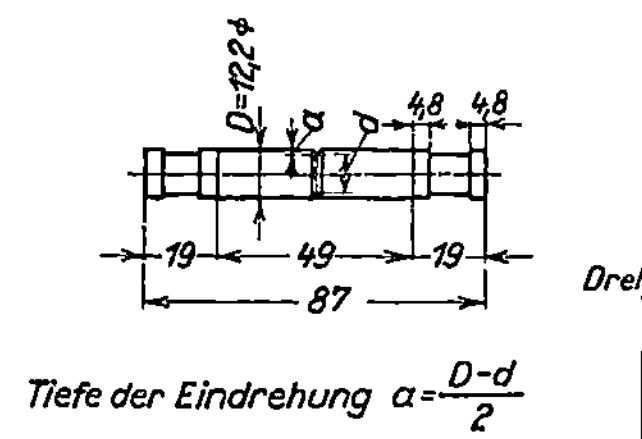	 $a=0{,}40$; $r=0{,}40$; D	4490 · $(D_s : K_z = 0{,}18)$	810 (0,82)
	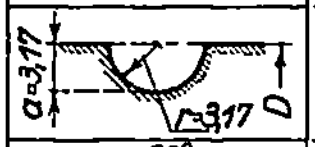 $a=3{,}17$; $r=3{,}17$; D	4950	—
	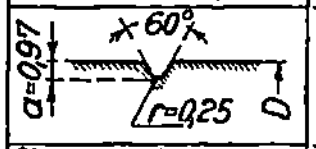 $60°$; $a=0{,}97$; $r=0{,}25$; D	4400 $(D_s : K_z = 0{,}12)$	545 (0,55)
	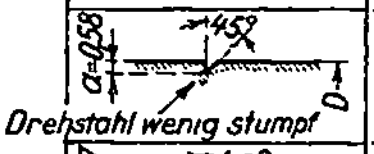 $45°$; $a=0{,}58$; D; Drehstahl wenig stumpf	3850 $(D_s : K_z = 0{,}15)$	560 (0,57)
	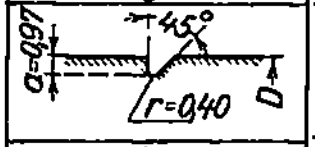 $45°$; $a=0{,}97$; $r=0{,}40$; D	4530 $(D_s : K_z = 0{,}12)$	560 (0,57)
	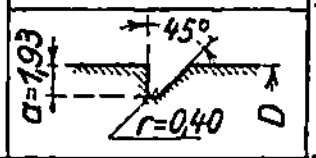 $45°$; $a=1{,}93$; $r=0{,}40$; D	5210 $(D_s : K_z = 0{,}08)$	420 (0,43)
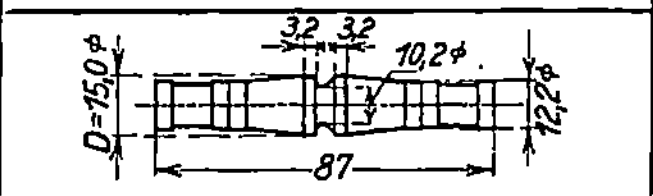	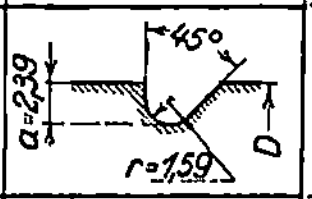 $45°$; $a=2{,}39$; $r=1{,}59$; D	5480 $(D_s : K_z = 0{,}13)$	705 (0,72)
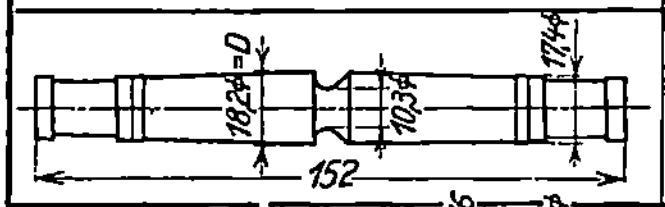	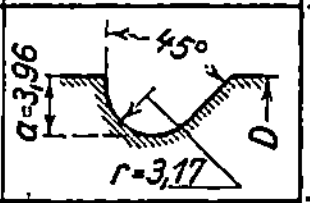 $45°$; $a=3{,}96$; $r=3{,}17$; D	5300 $(D_s : K_z = 0{,}17)$	915 (0,93)
	$45°$; $r=6{,}35$; D	4920	—

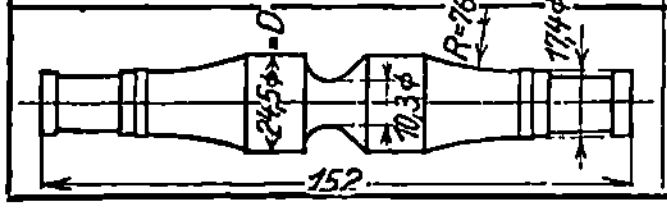

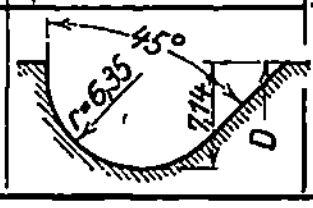

Tiefe der Eindrehung $a = \dfrac{D-d}{2}$

Abb. 141.

Aluminium-Legierung 25 S (4,15 vH Cu; 0,71 vH Mn; 0,76 vH Si; 0,32 vH Fe).

III. Schwingungsfestigkeit von Aluminium und dessen Legierungen bei Einwirkung von Leitungswasser und Salzwasser.

McAdam[1] hat nachgewiesen, daß die Schwingungsfestigkeit D_s des umlaufenden Biegestahls aus Aluminium bzw. einigen Aluminiumlegierungen im fließenden Wasser weit geringer ausfällt als in der Luft. Dieses Ergebnis war nach den älteren Beobachtungen über die

---

[1] McAdam: Proceedings of the American Society for Testing Materials, B. 27 II, S. 102 ff. 1927.

Witterungsbeständigkeit von Aluminium zu erwarten. McAdam hat weitere Versuche mit Stäben angekündigt, die einen Oberflächenschutz erhalten...

IV. Widerstandsfähigkeit von Aluminium und dessen Legierungen bei oftmaliger Schlagbeanspruchung.

Hier ist auf die Versuche von Welter[1] und Wagner[2] zu verweisen, die zunächst nur als orientierende gelten dürften. Systematische Untersuchungen über die Beziehungen zwischen Dauerschlagwiderstand und Schwingungsfestigkeit erscheinen erwünscht.

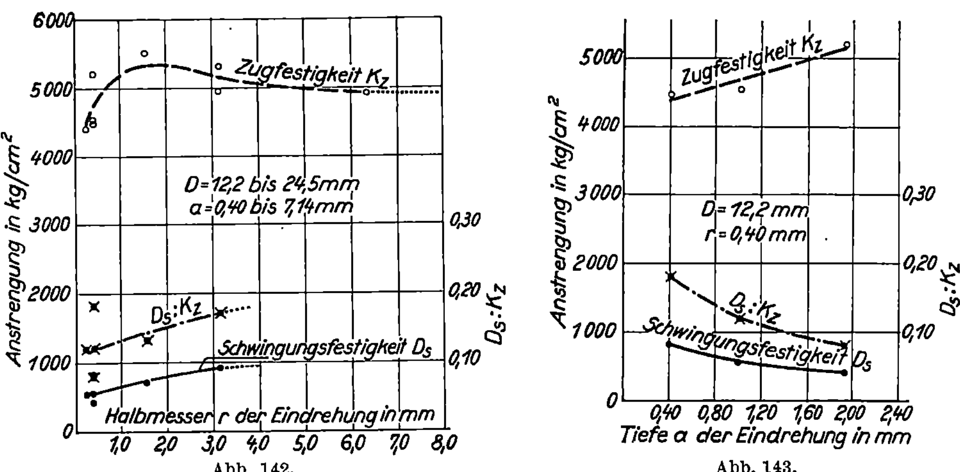

Abb. 142.　　　　　　　　　　　　　Abb. 143.

V. Versuche mit Konstruktionselementen aus Aluminiumlegierungen.

Abb. 141 bis 143 enthalten lehrreiche Feststellungen aus Versuchen von R. R. Moore[3], die Ausrundung und die Tiefe von Eindrehungen betreffend.

G. Dauerversuche mit Magnesiumlegierungen.

Die I. G. Farbenindustrie A.-G. in Bitterfeld hat für Elektron ausführliche Angaben gemacht, die zu einem Teil in der Zusammenstellung 10 unter 1. wiedergegeben sind. Von Wagner[2] stammen die Zahlen in der gleichen Zusammenstellung unter 2., ebenfalls für Elektron geltend.

---

[1] Welter: Z. V. d. I. 1926, S. 772ff·

[2] Wagner: Die Bestimmung der Dauerfestigkeit der knetbaren, veredelbaren Leichtmetallegierungen, 1928.

[3] Moore, R. R.: Proceedings of the American Society for Testing Materials, Bd. 26 II, S. 255ff. 1926.

Zusammenstellung 10.

Werkstoff	Zusammensetzung	Material-zustand	Zug-festigkeit K_z kg/mm²	Schwin-gungs-festigkeit D_s kg/mm²
	1. Versuche der I. G. Farbenindustrie, Bitterfeld.			
AZF	4% Al, 3% Zn, 0,5% Mn	Sandguß	17 bis 20	5,5
AZG	6% Al, 3% Zn, 0,5% Mn	„	17 bis 20	6,5
V 1	10% Al, 0,5% Mn	gepreßt	34 bis 37	12
AZM	6,3% Al, 1% Zn, 0,5% Mn	„	28 bis 32	rd. 13
Z1b	4,5 Zn, 0,5 Mn	„	25 bis 27	9
	2. Versuche von Wagner.			
V_1	—	—	35,6	15
$V_1 W$	—	—	36,1	15
A_5	—	—	30,7	13
Z_1	—	—	25,3	11
Pleuelstangen	—	geschmiedet	30	11

H. Dauerversuche mit natürlichen Steinen[1].

Von gewöhnlichen Druckversuchen ist bekannt, daß die Dehnungslinien von Basalt, Muschelkalk und Quarzit bis zu praktisch hohen Belastungen nur wenig von der Geraden abweichen, d. h. die Dehnungszahlen erweisen sich unter Belastungen, die als zulässig üblich sind, wenig veränderlich. Ausgeprägter war die Veränderlichkeit der Dehnungszahl bei Granit (z. B. 1/187 000 bis 1/274 000) und bei Bunt-

---

[1] Eine Übersicht der bis 1926 vorgelegenen Elastizitätsversuche mit Steinen vgl. Graf, Bautechnik 1926, S. 492 ff. Weitere Mitteilungen finden sich in Beton und Eisen 1926, S. 400 ff.

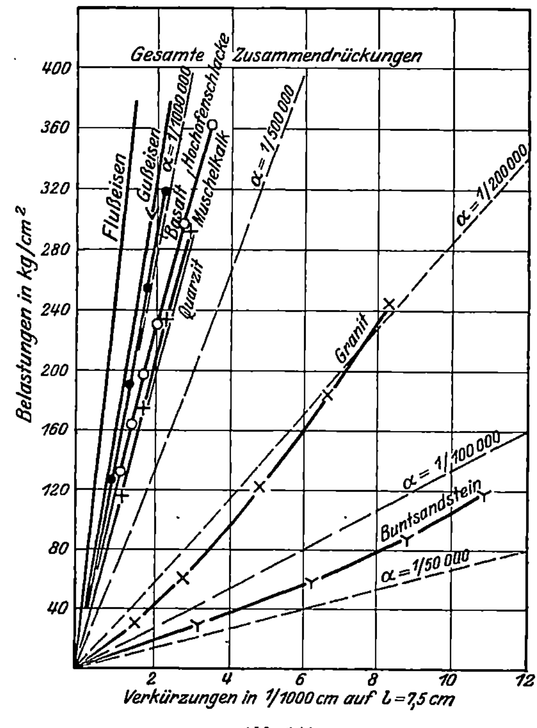

Abb. 144.

sandstein (z. B. 1/86000 bis 1/104000). Die Dehnungszahlen der gesamten Zusammendrückungen ermittelt als Tangenten an die Dehnungslinien, schwanken für den Fall der erstmaligen Belastung im Bereich der in Abb. 144 ersichtlichen Druckanstrengungen u. a.

bei Basalt zwischen 1/997000 und 1/106800,
bei Muschelkalk zwischen 1/749000 und 1/785000.

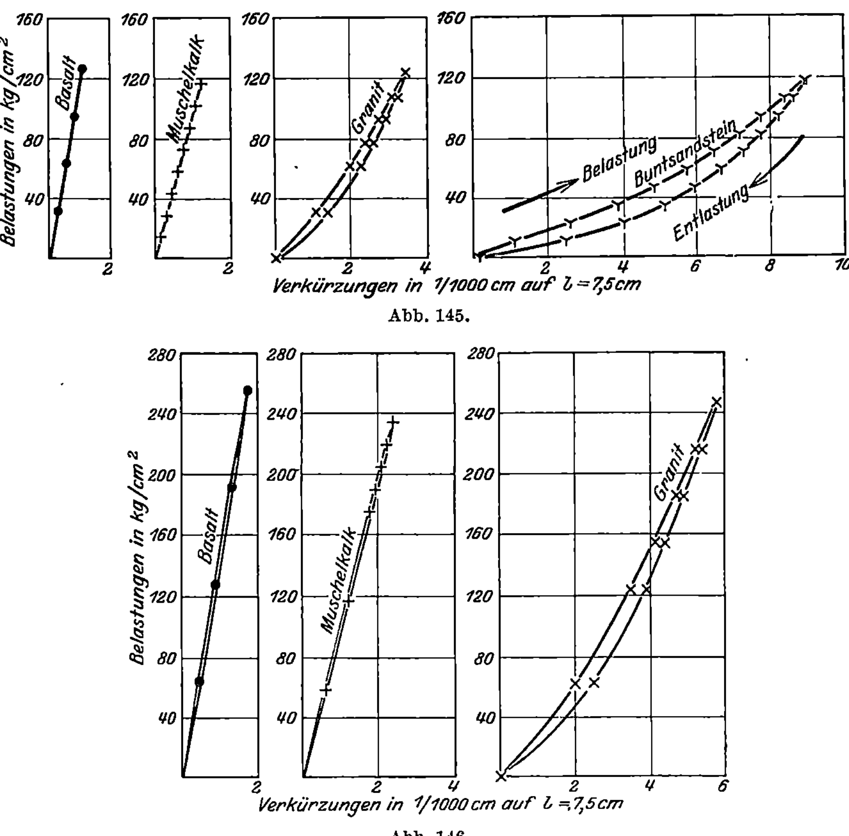

Abb. 145.

Abb. 146.

Wichtig erscheint sodann das Verhalten der Steine beim Belasten und Entlasten (Abb. 145 und 146). Beim Basalt und Muschelkalk decken sich die Linien der Zusammendrückungen, die aus den Formänderungen beim Belasten und Entlasten zu zeichnen waren, nahezu. Anders bei den grobkörnigen, weniger dichten Gesteinen, hier bei Granit und Buntsandstein. Hier liegt die Dehnungslinie der Entlastung deutlich unter der Linie der Belastung; die beiden Linien bilden eine eigenartige scharf ausgeprägte Schleife, wie die 3. und 4. Figur der Abb. 145 und die 3. Figur der Abb. 146 nachweisen. Diese Erscheinung deutet an, daß beim Zusammendrücken des Granits und des Sandsteins innere Reibung in erheblichem Maße zu überwinden war; dazu gehört der allmählich steiler werdende Verlauf der Dehnungslinien, der erkennen läßt, daß Granit und Buntsandstein mit zunehmender Last weniger nachgiebig wurden. Zur Erklärung wird der Umstand zu beachten sein, daß Hohlräume im Gestein und Verschiedenheiten der Elastizität der Gesteinsteile für das bezeichnete Verhalten in erster Linie maßgebend sein werden. Z. B. enthält der Sandstein Bindemittel, die weit nachgiebiger sind als Quarzkörner.

Damit im Zusammenhang steht die bei solchen Steinen scharf ausgeprägte — bei Basalt, Muschelkalk nicht oder nur wenig erkennbare — Eigentümlichkeit, daß die Größe der Zusammendrückung nicht allein von der absoluten Höhe der Belastung, sondern auch von der Dauer der Belastung und von der Größe der Stufen abhängt, die bis zu der betreffenden Last gewählt werden. So betrug die federnde Zusammendrückung des Buntsandsteins,

a) wenn die Belastung nacheinander in größer werdenden Intervallen von 0 bis zu 118,3 kg/cm² anstieg (auf jeder Stufe bis zum Ausgleich wiederholt):

bei 0 bis 29,6   0 bis 59,2   0 bis 88,8   0 bis 118,3 kg/cm²

$\qquad$ 3,83 $\qquad$ 6,91 $\qquad$ 9,20 $\qquad$ 11,07 $\quad$ 1/940 cm auf $l = 10$ cm,

somit mehr gegen die Vorstufe

$\qquad\qquad\qquad$ 3,08; $\qquad$ 2,29; $\qquad$ 1,87 $\quad$ 1/940 cm auf $l = 10$ cm;

b) wenn die Belastung hintereinander in gleichen Intervallen ebenfalls bis 118,3 kg/cm² anstieg:

bei 0 bis 29,6   29,6 bis 59,2   59,2 bis 88,8   88,8 bis 118,3 kg/cm²

$\qquad$ 3,82 $\qquad$ 2,14 $\qquad$ 1,50 $\qquad$ 1,25 $\quad$ 1/940 cm auf $l = 10$ cm,

insgesamt (3,82 + 2,14 + 1,50 + 1,25) = 8,71 1/940 cm,

gegen 11,07 bei a), also um $\dfrac{11,07 - 8,71}{11,07} \cdot 100 = 21\%$ weniger.

Die gesamten Zusammendrückungen wurden dabei als nahezu gleich festgestellt.

Wenn hiernach die federnde Formänderung gewissermaßen von der Weite der Belastungsintervalle, die bis zu einer gewissen Last angewandt werden, abhängig ist, so dürfen wir auch erwarten, daß Wiederholungen der Belastung bei Sandstein, Granit u. dgl. nicht bloß auf die Dehnungszahl der gesamten Zusammendrückungen, wie wir dies schon vom Flußstahl wissen, sondern auch auf die Dehnungszahl der federnden Zusammendrückungen Einfluß nehmen[1]. Abb. 147 zeigt

---

[1] Erwähnt sei noch der Einfluß der Durchfeuchtung auf die elastischen Eigenschaften der Steine. Sandstein (Abb. 147) und Granit waren in wassersattem Zustande nachgiebiger als in lufttrockenem; Muschelkalk wurde dagegen etwas steifer; bei Basalt und Hochofenschlacke traten ausgeprägte Unterschiede nicht auf, wie zu erwarten stand.

dies für Buntsandstein durch die Linienzüge a) (1. Versuch) und b) (4. Versuch).

Bei wiederholter Prüfung verschiedener Gesteine, wobei die Prüfungen in Zeitabständen von 1 Stunde bis 8 Tagen folgten, die Laststufen überdies 2 bis 7 mal wiederholt wurden, fanden sich u. a. für die Anstrengung 0,1 bis 120 kg/cm² die in Zusammenstellung 11 niedergelegten Zusammendrückungen. Die gesamten Zusammendrückungen sind bei den aufeinanderfolgenden Versuchen größer geworden, allerdings unter den vorliegenden Verhältnissen nur unbedeutend.

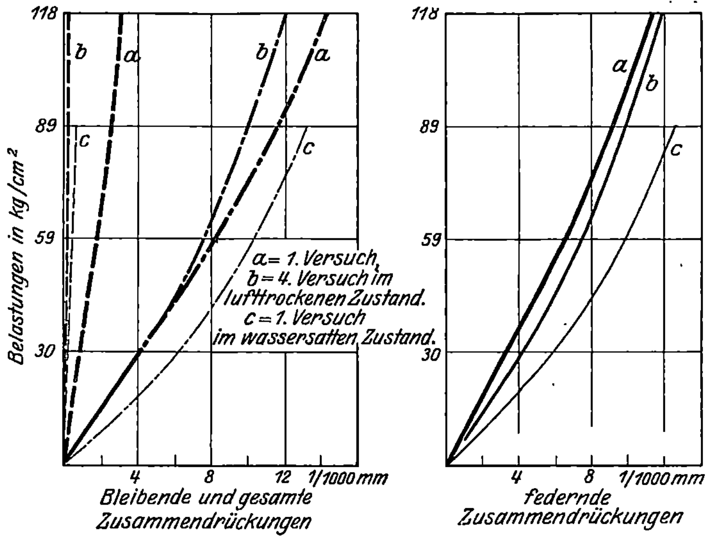

Abb. 147.

Weitergehende Aufschlüsse' brachten Versuche mit oftmals wiederholter Belastung, wobei die Einrichtung nach Abb. 116 bis 118 benutzt wurde[1]. Querschnitt der Prismen rund 100 cm². Meßstrecke rund 10 cm. Zahl der Belastungen: minutlich 1 bis 2.

a) Muschelkalk aus Kochendorf.

Druckfestigkeit $K = 1320$ kg/cm².

Durch rund 23 000 Lastwechsel zwischen 0 und 293 kg/cm² haben sich die federnden Zusammendrückungen nur unerheblich geändert (vgl. Abb. 148). Auch weitere 24 000 Lastwechsel zwischen 0 und 439 kg/cm² hatten keinen deutlichen Einfluß auf die federnden Formänderungen (Dehnungszahl $a =$ rund 1/780 000). Erst die Steigerung

---

[1] Durchgeführt mit Unterstützung der Helmholtz-Gesellschaft, sowie der Vereinigung der Freunde der Technischen Hochschule Stuttgart.

Zusammenstellung 11. Zusammendrückungen von Gesteinen auf der Spannungsstufe von 0,1 bis rd. 120 kg/cm² [1].

	bei erst-maliger Be-lastung	bei der 1.	bei der 2.	bei der 3.	bei der 4.	bei der 5.
		Wiederholung				

a) Gesamte Zusammendrückung auf $l = 10$ cm in 1/940 cm.

	bei erst-maliger Be-lastung	bei der 1.	bei der 2.	bei der 3.	bei der 4.	bei der 5.
Basalt	1,15	1,16	—	—	—	—
Muschelkalk W	1,41	1,43	1,44	1,44	—	—
Granit.	5,94	5,95	5,98	6,03	6,04	6,04
Buntsandstein	13,22	13,37	13,42	13,52	13,53	13,53
Hochofenstückschlacke .	1,37	1,37	—	—	—	—

b) Bleibende Zusammendrückung.

	bei erst-maliger Be-lastung	bei der 1.	bei der 2.	bei der 3.	bei der 4.	bei der 5.
Basalt	0	0	—	—	—	—
Muschelkalk W	0,01	0,01	0,01	0,01	—	—
Granit.	0,97	1,02	1,05	1,08	1,09	1,09
Buntsandstein	2,67	2,72	2,76	2,85	2,87	2,88
Hochofenstückschlacke .	0,05	0,05	—	—	—	—

c) Federnde Zusammendrückung.

	bei erst-maliger Be-lastung	bei der 1.	bei der 2.	bei der 3.	bei der 4.	bei der 5.
Basalt	1,15	1,16	—	—	—	—
Muschelkalk W	1,40	1,42	1,43	1,43	—	—
Granit.	4,97	4,93	4,93	4,95	4,95	4,95
Buntsandstein	10,55	10,65	10,66	10,67	10,66	10,65
Hochofenstückschkacke ..	1,32	1,32	—	—	—	—

der oberen Lastgrenze auf 732 kg/cm² bewirkte ein Anwachsen der Federungen.

Bemerkenswert ist hier noch, daß 10316 Belastungen von 0 bis 732 kg/cm² (d. i. 0,55 K) ertragen wurden, ohne daß Zerstörung des Körpers stattfand.

b) Basalt vom Westerwald.

Druckfestigkeit $K = 3082$ kg/cm².

57703 Belastungen, die bis 532 kg/cm² reichen, änderten die federnden Zusammendrückungen nur un-

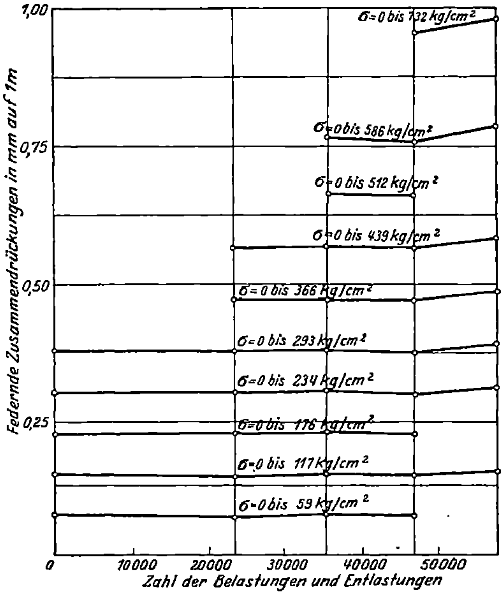

Abb. 148.

—————

[1] Vgl. Graf, Beton und Eisen 1926, S. 405.

erheblich, wie aus Abb. 149 anschaulich hervorgeht. Die Dehnungszahl der Federung betrug rund 1/1065000.

c) Roter Keupersandstein aus Maulbronn, (Körper 1)[1]
Druckfestigkeit $K = 648\ \text{kg/cm}^2$.

Die Ergebnisse der Versuche sind in den Abb. 150[2] und 151 wiedergegeben. Abb. 150 enthält die Linien der Belastung und Entlastung

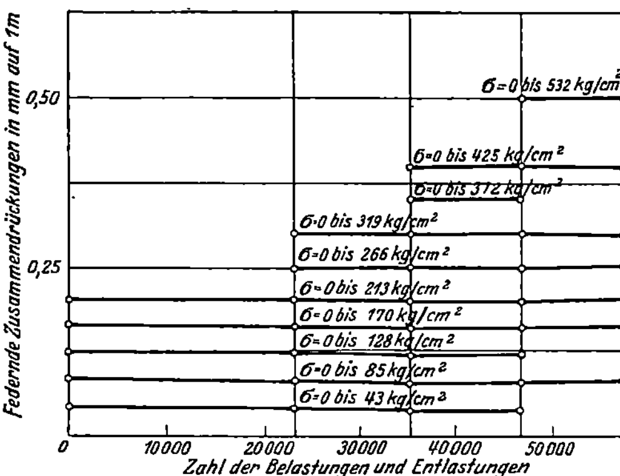

Abb. 149.

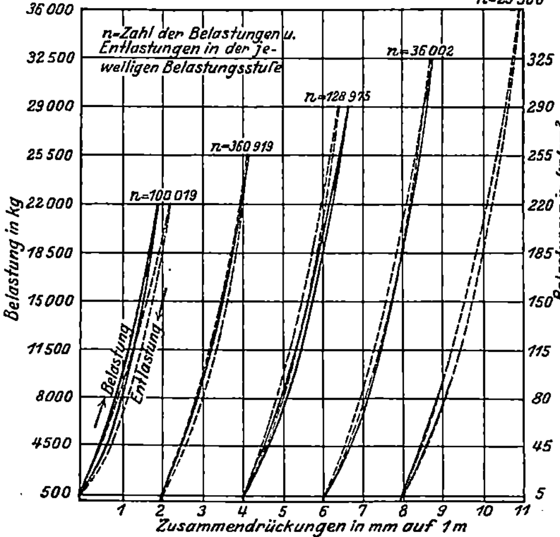

Abb. 150

für die daselbst angegebenen Spannungsstufen und zwar in den ausgezogenen Linien beim erstmaligen Aufbringen der betreffenden Belastung und in den gestrichelten Linien nach oftmals (n-mal) wiederholter Belastung. Die Zahl der Lastwechsel für die einzelnen Stufen ist jeweils über den Schleifen angegeben. Die Aufnahme der Schleifen erfolgte derart, daß die Belastung stufenweise (je 35 kg/cm²) erhöht bzw. vermindert und nach je $^1/_4$ Minute Belastungsdauer die Formänderung abgelesen wurde. An der unteren und oberen Grenze jedes Versuchs wurde die Belastung 2 Minuten aufrecht erhalten. Nach Abb. 150 ist die Schleife bei der ersten Belastungsstufe durch 100019 Lastwechsel so verlegt worden, daß die federnden Zusammendrückungen etwas

---

[1] Maulbronner Sandstein ist gewählt worden wegen der Gleichmäßigkeit des Materials. Die Proben stammen von Herrn Albert Burrer in Maulbronn.

[2] Die Abszissen der Abb. 150 und ebenso der späteren Abb. 152 ist in mm/m eingeteilt. Die Angaben für die Dehnungen sind durchlaufend, was bei Beurteilung der Größe der Formänderungen zu beachten ist, weil bei jeder Schleife der Fußpunkt als Nullpunkt gilt.

größer ausfielen. Bei den höheren Laststufen blieb der Unterschied wesentlich kleiner, zum Teil überdies derart, daß nach oftmaliger Belastung ein Rückgang der federnden Formänderung zu verzeichnen war. Die Fläche, welche zwischen der Belastungs- und Entlastungslinie liegt, hat sich in der Regel innerhalb der ausgeführten Versuche durch oftmalige Lastwechsel nicht ausgeprägt geändert.

Abb. 151 enthält die federnden Zusammendrückungen, welche bei wiederholter Belastung auf den einzelnen Laststufen ermittelt worden sind. Es zeigen sich hier Schwankungen in der Größe der federnden

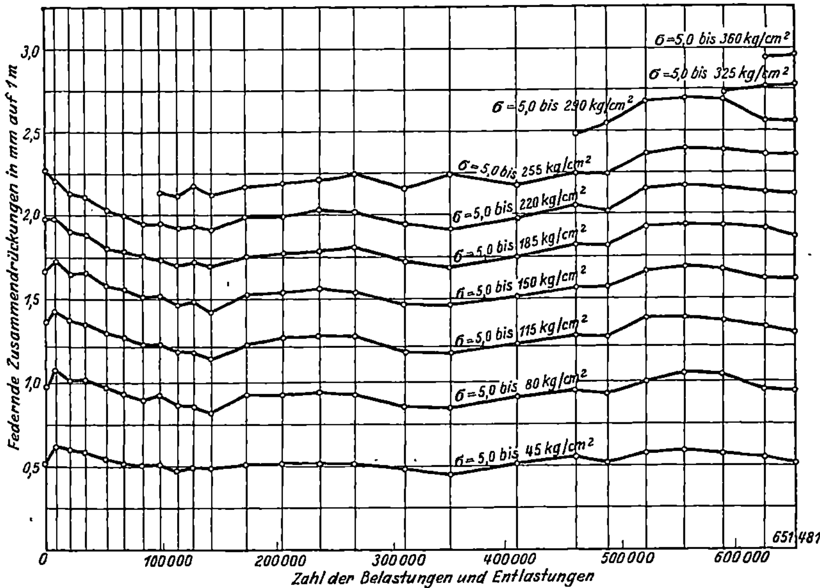

Abb. 151.

Zusammendrückungen, die jedenfalls während der ersten 460 938 Lastwechsel einen Verlauf nehmen, der nicht bloß von der Zahl der Lastwechsel beeinflußt erscheint. Nähere Verfolgung ließ erkennen, daß die Schwankungen mit den Feuchtigkeitsschwankungen der Luft und damit des Sandsteinkörpers zusammenhängen. Durch Feuchtigkeitsaufnahme wurde der Sandstein etwas nachgiebiger, durch Feuchtigkeitsabnahme weniger nachgiebig[1].

Die Laststufe 5,0 bis 255 kg/cm², das ist das 0,39 fache der Würfelfestigkeit, ist 460 938 mal aufgebracht worden. Diese Feststellung läßt

---

[1] Körper 2b aus gelbem Maulbronner Keupersandstein ist nach längerer Lagerung in einem Arbeitsraum (bis 23. IV. 1928) in Luft mit größerem Feuch-

den Schluß zu, daß die Ursprungsfestigkeit des geprüften Sandsteins mindestens das 0,4fache der Würfeldruckfestigkeit beträgt, wahrscheinlich noch erheblich größer ist, weil auch die folgenden Laststufen (290, 325, 364 kg/cm²) noch 128175 bzw. 36002 bzw. 25566mal getragen wurden, ohne .daß Zerstörung des Körpers eintrat.

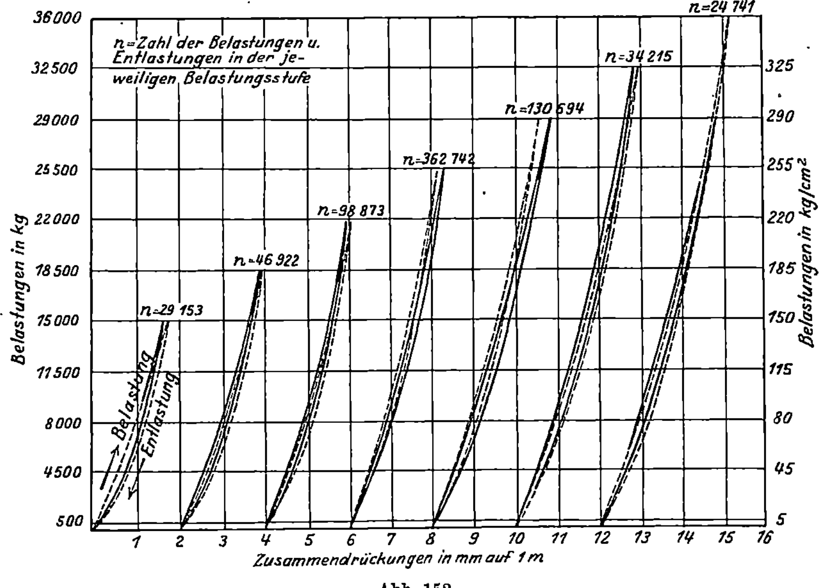

Abb. 152.

d) **Gelber Keupersandstein aus Maulbronn** (Körper 3).

Druckfestigkeit $K = 431$ kg/cm².

Die Ergebnisse sind in den Abb. 152 und 153 dargestellt. Abb. 152 gibt über die Linien der Belastung und Entlastung Auskunft; sie haben sich unter Berücksichtigung des unter c) Gesagten durch oftmalige Be-

tigkeitsgehalt (bis 1. V. 1928), dann in Luft mit kleinerem Feuchtigkeitsgehalt gelegt worden. Es fand sich:

am	Gewicht in g	Gesamte			bleibende			federnde		
		Zusammendrückungen in 1/150 cm auf 1 = 10 cm auf der Laststufe								
		(5 bis 85 kg/cm²)	(5 bis 165 kg/cm²)	(5 bis 245 kg/cm²)	(5 bis 85 kg/cm²)	(5 bis 165 kg/cm²)	(5 bis 245 kg/cm²)	(5 bis 85 kg/cm²)	(5 bis 165 kg/cm²)	(5 bis 245 kg/cm²)
20.4.1928	4186,7	2,51	4,49	6,10	0,96	1,59	2,11	1,55	2,90	3,99
23.4.1928	4186,6	1,79	3,13	4,35	0,14	0,20	0,37	1,65	2,93	3,98
1.5.1928	4212,4	2,51	4,15	5,61	0,41	0,57	0,82	2,10	3,58	4,79
9.5.1928	4177,0	2,12	3,69	4,95	0,70	0,92	1,18	1,42	2,77	3,77

·lastung nicht erheblich geändert. Abb. 153 zeigt wieder, daß die federnden Zusammendrückungen des Sandsteins Schwankungen unterworfen ·waren; sie sind zum Teil auf den wechselnden Feuchtigkeitszustand des Sandsteins zurückzuführen. Gegen den Schluß des Versuchs, als die obere Grenze der Laststufen über 250 kg/cm² hinausging, scheint unter den oberen Belastungen eine kleine Zunahme der Zusammendrückungen einzusetzen.

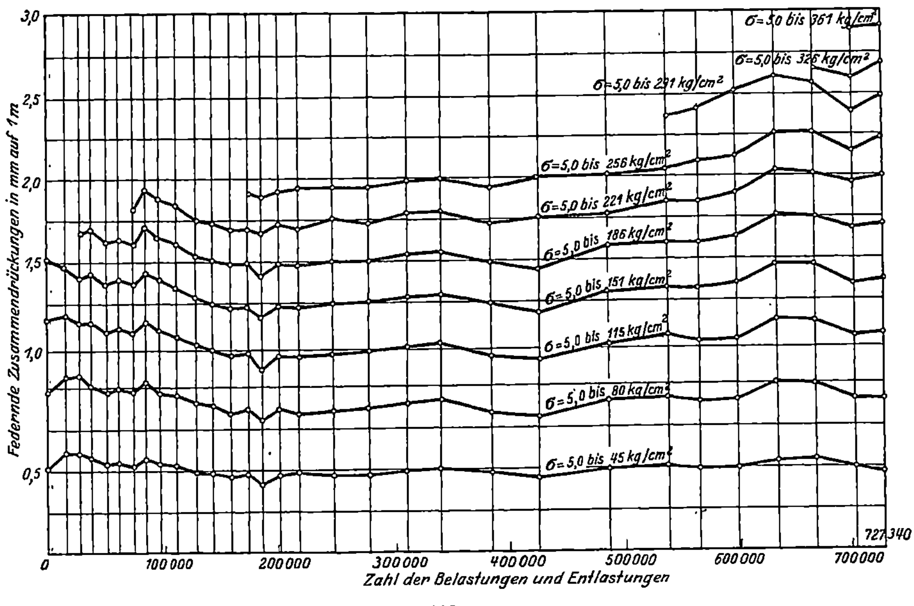

Abb. 153.

I. Aus Versuchen mit Beton.

I. Allgemeines[1].

Der Beton hat in seinem elastischen Verhalten entsprechend seinem Aufbau (Steinstücke mit Bindemittel umkleidet, mehr oder minder dicht gelagert usw.) manches gemein mit Sandstein und Granit. Grundsätzlich ist aber bei solchem Vergleich zu beachten, daß es sich beim Beton nicht wie beim Naturstein nur um eine Feststellung des Vorhandenen handeln darf, sondern um die Verfolgung der Umstände, die bei der Herstellung des Betons Einfluß nehmen, im besonderen soweit sie vom Hersteller des Betons beeinflußt werden können.

An erster Stelle steht hier das Bindemittel. Die Zementindustrie liefert heute Zemente von sehr verschiedener Leistung, im Handel als

---

[1] Vgl. auch Bautechnik 1926, S. 494ff.

gewöhnliche Zemente und hochwertige Zemente, sowie als Tonerdezemente unterschieden[1]. Die Elastizität ändert sich im allgemeinen derart, daß Zemente mit höherer Festigkeit Beton mit kleinerer Dehnungszahl·liefern[2].

Große Bedeutung kommt der Beschaffenheit des Zementbreis im frisch verarbeiteten Beton zu. Mit Steigerung des Wasserzusatzes beim Anmachen des Betons wird das Gemisch aus Zement und Wasser, also der Zementbrei, in der Raumeinheit ärmer an Zement, reicher an Wasser; das beim Erhärten des Breis entstehende Gestein weist·dann einen mehr oder minder großen Anteil an Wasserporen, also an Hohlräumen auf, die die Nachgiebigkeit des neuen Gesteins vergrößern.

Zu der Mannigfaltigkeit der Verhältnisse, die aus den Festigkeitseigenschaften des Zements sowie aus der Menge des Anmachwassers hervorgehen, tritt eine außerordentliche Vielgestaltigkeit der Verhältnisse der natürlichen Zuschläge des Betons. Der Beton wird aus Teilen aufgebaut, die sehr verschiedene elastische Eigenschaften aufweisen. Beispielsweise wird gießfähiger Beton nicht selten aus Portlandzement, Flußsand von Sandstein, Kalkstein, Quarziten, ferner aus Basaltschotter zusammengesetzt. Der Beton enthält dann in wechselvoller Mischung Stücke, deren Dehnungszahl zwischen etwa $1/50\,000$ und $1/1\,100\,000$ liegen, sich also wie $22:1$ verhalten kann.

Bevor die elastischen Eigenschaften des Betons weiterverfolgt werden, ist an eine Besonderheit zu erinnern, die im Betonbau nicht selten Schwierigkeiten verursacht. Natursteine, ebenso der erhärtete Zement, haben die Eigenschaft, beim Austrocknen ihren Rauminhalt zu verkleinern, also zu schwinden, beim Durchfeuchten aber zu quellen[3]. Der erhärtete Zement will dabei weit größere Raumänderungen ausführen, als die meist verwendeten Natursteine. Infolgedessen wird im Beton das Schwinden und Quellen des Zements durch die eingebetteten Steine gehindert, um so mehr, je weniger nachgiebig das Gestein ist; es entstehen erhebliche innere Spannungen durch das verschiedene Verhalten des Gesteins und des Zements, und zwar beim Schwinden Zug im Zement, Druck in den Steinen, beim Durchfeuchten umgekehrt[4]. Unter sonst gleichen Verhältnissen schwindet und quillt der Beton mit den weniger nachgiebigen Zuschlägen weniger, wobei Verschiebungen u. a. durch das mehr oder weniger ausgeprägte Schwinden und Quellen des Gesteins auftreten.

---

[1] Vgl. u. a. Entwurf und Berechnung von Eisenbetonbauten, Bd. 1, S. 2 ff.

[2] Vgl. C. Bach: Z. V. d. I. 1895, S. 489 ff.; sowie Graf: Heft 227 der Forsch.-Arb. Ing. 1920, S. 23 ff.

[3] Vgl. Heft 295 der Forsch.-Arb. Ing., S. 35 ff.

[4] Vgl. Bautechnik 1926, S. 516 ff.

Ferner ist zu beachten, daß beim allseitigen Austrocknen des Betons der Kern zunächst feucht bleibt, also nicht schwindet, während an der Oberfläche das Austrocknen und Schwinden schon eingesetzt hat. Überdies liefern Zemente verschiedener Zusammensetzung und Herkunft sehr verschiedene Schwindmaße.

Der Beton enthält hiernach dauernd Spannungen, die ohne äußere Belastung entstehen und deren Richtung sowie Verteilung von dem Feuchtigkeitszustande des Betons abhängt. Verwandte Erscheinungen sind auch von Untersuchungen an anderen Stoffen bekannt; beim Beton treten sie uns besonders anschaulich entgegen; sie erschweren die Erforschung des elastischen Verhaltens des Baustoffs, namentlich bei oftmaliger Belastung, weil während eines Versuchs, der längere Zeit in Anspruch nimmt, Änderungen der inneren Vorspannungen an sich zu erwarten sind, sofern nicht vorher langdauerndes Austrocknen oder Durchfeuchten im Versuchsraum stattgefunden hat. Dazu kommt, daß nasser Beton an sich andere Elastizität aufweisen kann, wie schon aus den Versuchen mit den Natursteinen hervorgeht. Trocken gelagerter Beton ist nachgiebiger als unter Wasser gelagerter; trocknender Beton wird zunächst mit steigendem Alter nachgiebiger; erst nach Jahren zeigt er Abnahme der Formänderungen[1].

II. Elastizität des Betons unter oftmals wiederholter Belastung und Entlastung.

Was schon beim Stahl über die Ausbildung der gesamten, bleibenden und federnden Formänderungen dargelegt wurde, scheint sinngemäß auch hier zu gelten. Die Formänderungen wachsen bei längerer Dauer der Last, noch mehr bei Wiederholung der Entlastung und Belastung[2], nähern sich aber mehr oder minder rasch einer Grenze, so daß schließlich in einem Belastungsbereich, dessen Grenzen von der Art der Lastwirkung abhängen, wie wir dies vom Flußeisen kennen, nur noch federnde Formänderungen auftreten. Dieser Vorgang ist mit Beton erstmals von C. Bach vor etwa 40 Jahren, früher schon mit anderen Baustoffen, verfolgt worden. Ein Druckversuch, den ich vor etwa 20 Jahren durchzuführen hatte, ist mir als besonders anschaulich in Erinnerung geblieben, weshalb ein Teil seiner Ergebnisse hier als Beispiel wiedergegeben sei.

Belastungsstufe 0,2 bis 16 kg/cm².

Form-änderung	erstmalige Belastung und Entlastung	1.	2.	3.	4.	5.	6. Wiederholung
gesamte	5,08	5,15	5,18	5,20	**5,21**	5,21	5,21 1/1200 cm
bleibende	0,29	0,31	0,32	0,33	**0,33**	0,33	0,33 1/1200 cm
federnde	4,79	4,84	4,86	4,87	**4,88**	4,88	4,88 1/1200 cm

[1] Vgl. Heft 227 der Forsch.-Arb. Ing. 1920, S. 43ff.

[2] Heft 227 der Forsch.-Arb. Ing., S. 7ff.

Belastungsstufe 0,2 bis 48,1 kg/cm².

Form-änderung	erstmaliger Lastwechsel	1.	5.	11.	13.	14.	15.	16. Wiederholung
gesamte	17,58	17,86	18,36	18,69	18,74	18,76	**18,77**	18,77 1/1200 cm
bleibende	1,07	1,21	1,40	1,54	1,55	1,56	**1,57**	1,57 1/1200 cm
federnde	16,51	16,65	16,96	17,15	17,19	17,20	**17,20**	17,20 1/1200 cm

Belastung			Zunahme durch die Wiederholungen			Zahl der Lastwechsel
			gesamte	bleibende	federnde	
0,2	bis	16 kg/cm²	3%	14%	2%	5
0,2	„	32,1 „	4%	25%	2%	11
0,2	„	48,1 „	7%	47%	4%	16
0,2	„	64,2 „	9%	63%	5%	23

Je größer die Belastungsstufe war, um so mehr trat der Einfluß der Wiederholungen in die Erscheinung, und um so mehr Wiederholungen waren nötig, um näherungsweise Grenzwerte zu erreichen.

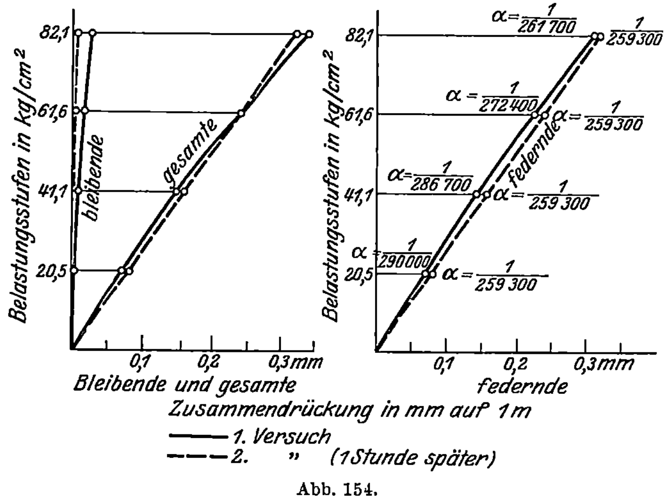

Abb. 154.

Bei Überschreitung eines gewissen Belastungsintervalls findet schließlich ein Ausgleich der Formänderungen nicht mehr statt; die bleibenden Formänderungen wachsen fortdauernd, bis die Zerstörung eintritt. Die Last, die eben noch dauernd ertragen werden kann, also etwas unter der bezeichneten Zerstörungslast liegt, sei wieder als die natürliche Elastizitätsgrenze zu der betreffenden Belastungsart bezeichnet; sie ist die Last, unter der sich eben noch ein Zustand ausbildet, bei dem nach oftmaliger Wiederholung der Anstrengung durch die übliche Messung nur federnde Dehnungen zu finden sind.

Werden die Formänderungen in aufeinanderfolgenden Laststufen nach der geschilderten, von C. Bach eingeführten Art ermittelt und die Endwerte zeichnerisch dargestellt, so ergeben sich für Beton mit Rheinkiessand in der Regel Linienzüge, die dem Beispiel in Abb. 154 nahestehen (ausgezogene Linienzüge)[1]. Man erkennt in den ausgezogenen Linien, daß die gesamten, bleibenden und federnden Zusammendrückungen rascher gewachsen sind als die Belastungen. Der Verlauf der Dehnungslinien zeigt also, daß der Beton mit steigender Last nachgiebiger geworden ist. Dieses Nachgiebigerwerden hat zur Folge, daß bei späterer Wiederholung kleinerer Lasten größere federnde Formänderungen als ursprünglich entstehen, wie die gestrichelten Linien

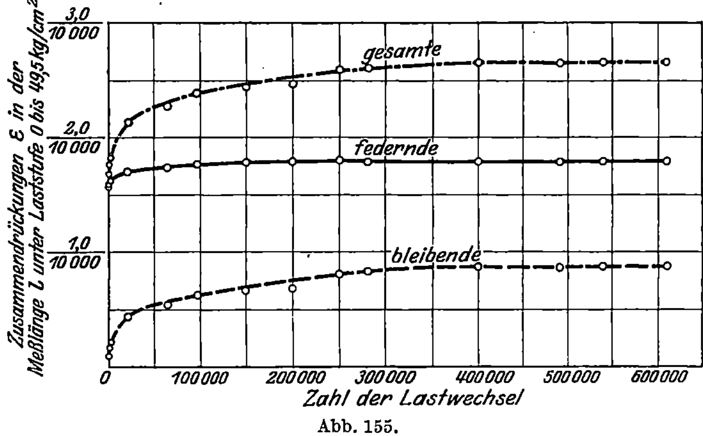

Abb. 155.

von Abb. 154 erkennen lassen. Der wiederholt belastete Beton zeigt nach Abb. 154 in dem geprüften Bereich nahezu Proportionalität zwischen Spannungen und Dehnungen.

Mit einer größeren Zahl von Lastwechseln hat Ornum[2] gearbeitet (minutlich bis 10 Lastwechsel); viel weiter ist Mehmel[3] gegangen (minutlich 60 Lastwechsel). Die beiden Forscher fanden für Schotterbeton bzw. Kiesbeton übereinstimmend, daß die Dehnungslinie im Bereich der Lasten, die dauernd ertragen werden, eine Gerade wird, also Proportionalität zwischen Spannung und Längenänderung ergibt. Dabei entstanden unter sonst gleichen Bedingungen Grenzwerte der

---

[1] Aus Heft 227 der Forsch.-Arb. Ing., S. 15ff.

[2] Ornum: Transactions der American Society of Civil Engineers 1907, S. 294ff.; vgl. auch Moore und Kommers: The Fatigue of Metals, S. 255ff.

[3] Mehmel: Untersuchungen über den Einfluß wiederholter Druckbeanspruchungen auf Druckelastizität und Druckfestigkeit von Beton, 1926. — Über die Versuchseinrichtung vgl. Probst in der Festschrift zur Hundertjahrfeier der Techn. Hochschule Karlsruhe 1925.

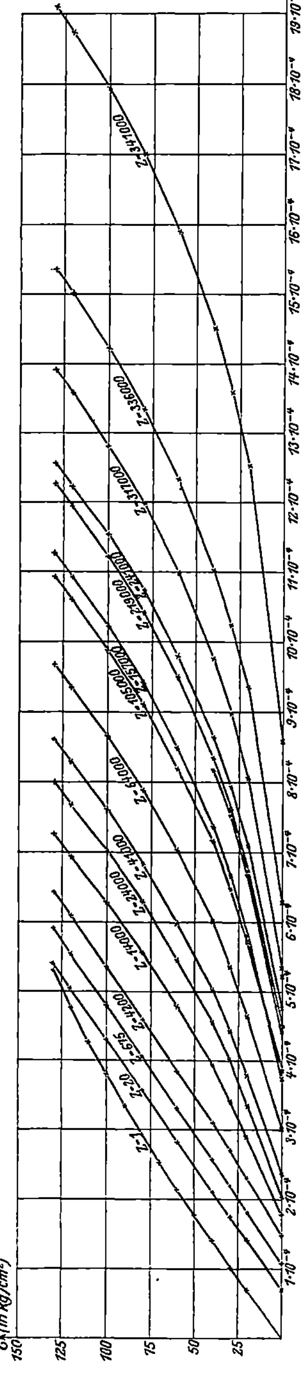

Abb. 156.

Formänderungen, in der Regel zunächst für die federnden, dann für die bleibenden Längenänderungen. Bei dieser Entwicklung der Längenänderungen wachsen die gesamten, bleibenden und federnden Dehnungen gemäß Abb. 155 (nach Versuchen von Mehmel gezeichnet).

Bei höheren Lasten, also im Bereich der Anstrengungen, mit denen die Formänderungen einen Beharrungszustand nicht mehr erreichen, änderte sich die Dehnungslinie weiter. Die Krümmung der Dehnungslinie wurde nach der Gegenseite gerichtet; dabei entwickelte sich ein Zustand, bei dem das Material unter niederen Lasten verhältnismäßig nachgiebiger wurde. Abb. 156 — dem Bericht von Mehmel entnommen — enthält kennzeichnende Beispiele. Die Dehnungslinien nach Abb. 156 rechts bezeichnet Mehmel als Ermüdungslinien, weil Körper mit solchen Dehnungslinien unausgesetztes Wachsen der Formänderungen bis zum Bruch aufwiesen[1,2].

Das Nachgiebigerwerden der überlasteten Betonkörper unter den niederen Laststufen hat Mehmel für den Versuch zu Abb. 156 gemäß Abb. 157 veranschaulicht. Dabei ist die Belastung fortdauernd zwischen 0 und 130 kg/cm² gewechselt worden. Die bleibenden Längenänderungen (ε_{bl}) haben dauernd zugenommen. Die federnden Längenänderungen, welche auf den Lastteil 0 bis 30 kg/cm² entfielen,

---

[1] Die Versuchskörper von Mehmel waren mit Rheinkiessand hergestellt, der vorwiegend Kalk- und Quarzkörner enthielt. Wenn Sandstein oder Granit verwendet wird, ist nach dem unter H Gesagten eine Einschränkung der Folgerungen über die Ermüdungslinie zu erwarten.

[2] Ornum hat den Verlauf der Dehnungslinien ähnlich gedeutet wie Mehmel.

sind ebenfalls fortdauernd erheblich gewachsen; die Federung zwischen 100 und 130 kg/cm² blieb fast unverändert[1].

III. Elastizität des Betons unter ruhender Druckbelastung.

Die Zusammendrückungen wachsen auch bei ruhender Belastung. Abb. 158 enthält Ergebnisse aus neueren Stuttgarter Versuchen (aus

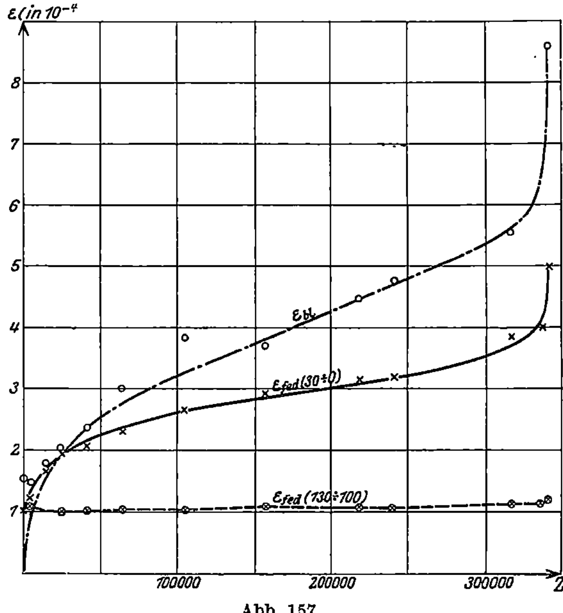

Abb. 157.

Abb. 158.

Versuchen an zwei gleichartigen Körpern). Innerhalb der Versuchszeit (180 bzw. 240 Minuten) sind die gesamten Zusammendrückungen erheblich gewachsen. Die Zunahme ist bei der kleineren Beanspruchung ($\sigma = 0,3$fache Druckfestigkeit K) verhältnismäßig kleiner geblieben als

---

[1] Während der Drucklegung erschien: Dreves, Über das elastische Verhalten von Beton, Braunschweig 1929.

bei $\sigma = 0,5\,K$. Über die Veränderlichkeit der bleibenden Zusammendrückungen gibt Abb. 158 ebenfalls Aufschluß.

Bei fetten Mischungen blieb der Einfluß der Zeit auf die Formänderungen kleiner als bei mageren, ebenso bei Beton mit geringerem Wasserzusatz gegenüber Beton mit höherem Wasserzusatz.

Langdauernde Versuche hat Davis[1] angestellt; bis jetzt sind die Messungen bekanntgegeben, welche während eines Jahres ausgeführt worden sind. Eine ausführliche Erörterung ist für später vorbehalten.

IV. Druckfestigkeit des Betons bei oftmals wiederholter Belastung.

Ornum[2] ist zuerst an solche Versuche herangetreten; er hat die Druckfestigkeit K einzelner Probekörper in der üblichen Weise durch

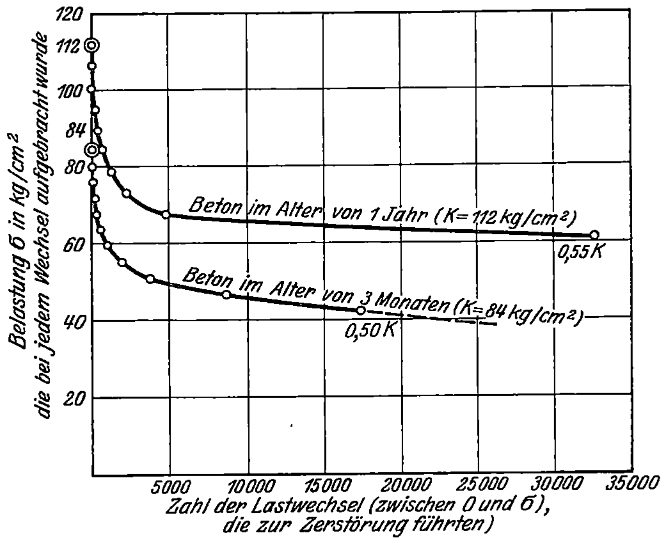

Abb. 159.

einmalige Belastung ermittelt, dann festgestellt, wie oft die Belastung wiederholt werden muß bis zum Bruch, wenn gleiche Körper mit 0,95 K, 0,90 K, 0,85 K usw. belastet werden. Die Zahl der Belastungen und Entlastungen in der Minute betrug 4 bis 8. Nach seinen Mitteilungen ist Abb. 159 gezeichnet; sie besagt, daß die Dauerfestigkeit D_u von Prismen

aus Beton mit $K = 84\ \text{kg/cm}^2$ höchstens etwa 0,4 K,

   ,,   ,,   ,, $K = 112\ \text{kg/cm}^2$,,   ,,   0,5 K

sein wird.

---

[1] Davis: Proceedings of the American Society of Civil Engineers, Bd. 1, S. 199ff. 1928.

[2] Ornum: Proceedings of the American Society of Civil Engineers, Bd. 1, S. 972ff. 1906.

Mehmel[1] entnahm seinen Versuchen — mit Prismen $7 \cdot\, 7 \cdot 28$ cm aus Beton von $K = 171$ bis $184\,\mathrm{kg/cm^2}$ ausgeführt, minutlich 60 Belastungen und Entlastungen —, daß $D_u = 0{,}47$ bis $0{,}6\,K$ betragen dürfte.

V. Biegefestigkeit des Betons bei oftmals wiederholter Belastung und Entlastung.

Clemmer[2], später Older[3], hatten die Biegefestigkeit von Balken aus Straßenbeton unter rollenden Lasten untersucht. Die Last wirkte auf jedem Balken minutlich 40 mal. Die Ergebnisse zeigen, daß die Dauerbiegefestigkeit (als Ursprungsfestigkeit D_u ermittelt) zu rund 50% der in üblicher Weise ermittelten Biegefestigkeit K_b zu erwarten ist. Nach $^1/_2$ bis 2 Millionen Lastwechseln war bei solcher Beanspruchung noch kein Bruch erfolgt. Wurde die fortdauernd wiederholte Anstrengung auf $0{,}6\,K_b$ erhöht, so brachen die Balken schon nach einer weit geringeren Zahl von Lastwechseln.

Hatt[4] berichtete von Schwingungsversuchen durch Biegung mit Balken aus fettem Mörtel (1:2). Querschnitt rund $10 \cdot 10 \cdot 76$ cm. Alter 1 bis 12 Monate. 10 Lastwechsel in der Minute, in der Regel während 9 Stunden täglich; in der übrigen Zeit unbelastet. Die Schwingungsfestigkeit D_s fand sich für Mörtel

in 28 Tage alten Balken zu nicht mehr als 40%,
in 4 bis 12 Monate alten Balken zu 50 bis 55%

der gewöhnlichen Biegefestigkeit K_b.

Die Beobachtungen Hatts über die Einsenkungen der Balken decken sich im wesentlichen mit den Feststellungen über die Elastizität des Betons unter II und III, S. 111 usw.

Oftmals wiederholte Belastungen unterhalb der Dauerfestigkeit sollen diese erhöhen. Ob diese Annahme zutrifft, bedarf besonderer Untersuchung; dabei wäre die Veränderlichkeit der Biegefestigkeit des Betons mit steigendem Alter, mit dem Austrocknen usw. sorgfältig mit zu verfolgen[5].

---

[1] Mehmel: Untersuchungen über den Einfluß wiederholter Druckbeanspruchungen auf Druckelastizität und Druckfestigkeit von Beton, 1926, S. 63.

[2] Clemmer: Proceedings of the American Society for Testing Materials, Bd. 22 II, S. 408ff. 1922.

[3] Nach Moore und Kommers: The Fatigue of Metals, S. 268 u. 269.

[4] Hatt: Bulletin 24 der Engineering Experiment Station Lafayette (Purdue University) 1925, S. 48ff.

[5] Vgl. Entwurf und Berechnung von Eisenbetonbauten, Bd. 1, S. 32ff., insbes. S. 46.

K. Über Dauerversuche mit Eisenbeton.

Eisenbetonkonstruktionen, die nach den heute anerkannten Regeln für die Berechnung und für die Ausführung solcher Konstruktionen gebaut sind, haben sich bewährt, d. h. die in der Regel angewandten zulässigen Anstrengungen liegen unter der Dauerfestigkeit. Inwieweit eine Erhöhung dieser zulässigen Anstrengungen möglich ist, läßt sich noch nicht übersehen.

Zur Beurteilung der Widerstandsfähigkeit des Eisenbetons gehören hauptsächlich Erkenntnisse über

a) die Biegezugfestigkeit des Betons bei oftmals wiederholter Belastung und Entlastung, wobei die Belastungsintervalle den praktischen Verhältnissen nahekommen,

b) die Säulendruckfestigkeit und die Biegedruckfestigkeit des Betons unter den gleichen Umständen,

c) die Widerstandsfähigkeit des Stahls mit Walzhaut unter den obwaltenden Verhältnissen (D_{uz}, D_{ud}, D_s),

d) den Gleitwiderstand des Eisens im Beton bei oftmals wiederholter Belastung und Entlastung, entsprechend dem zu a) Gesagten,

e) das Verhalten der Haken und sonstigen Verankerungen der Eiseneinlagen unter den bei a) bezeichneten Verhältnissen,

f) den Rostschutz der Eiseneinlagen.

Die unter a) bis e) genannten Widerstände bestimmen unter ordentlichen Verhältnissen die Last eines Eisenbetonbalkens bzw. einer Eisenbetonstütze, die dauernd getragen wird und die nach mehr oder minder langer Zeit in gewissen Grenzen nur noch federnde Formänderungen hervorruft.

Was zu a) und b) bekannt ist, findet sich unter J, S. 109 ff. Die dort besprochenen Erkenntnisse können nur als orientierende bezeichnet werden; sie erstrecken sich bis jetzt auf wenige Versuche und meist auf zu kurze Dauer, überdies noch nicht auf die praktisch wichtigsten Belastungsintervalle.

Zu c) ist noch nichts bekannt. Der Verfasser hat zugehörige Versuche vorbereitet.

Zu d) liegen einige Versuche von Ornum[1] vor; sie geben wertvolle orientierende Aufschlüsse.

Die Vorgänge, welche die Überwindung des Gleitwiderstandes einleiten, hat erstmals Considère[2] mit Versuchen dargelegt; sie waren

---

[1] Ornum: Transactions of the American Society of Civil Engineers, Bd. 58, S. 294 ff. 1907; Handbuch für Eisenbetonbau, 3. Aufl., Bd. 1, S. 123.

[2] Considère: Experimentaluntersuchungen über die Eigenschaften der Zement-Eisen-Konstruktionen, Deutsch von Blodnig, Wien 1902; vgl. auch . Graf im Handbuch für Eisenbetonbau, 3. Aufl., Bd. 1, S. 104 u. 105.

für die Beurteilung der Vorgänge im Eisenbeton sehr aufschlußreich, lieferten aber noch keine Zahlenwerte.

Zu e) ist nichts bekannt.

Zu f) sind mannigfache Untersuchungen durchgeführt worden; ihre Erörterung gehört nicht in den Rahmen des vorliegenden Buchs[1].

Von den sonstigen Versuchen mit Eisenbetonbalken, die oftmals belastet und entlastet worden sind, seien folgende genannt.

1. **Versuche der Eisenbahndirektion Berlin.** Die Balken hatten außerordentliche Bauart; sie wurden unter Beanspruchungen geprüft, die weit über die zulässigen hinausgingen (vgl. Armierter Beton 1909, S. 153f; Handbuch für Eisenbetonbau, 3. Aufl., 1. Bd., S. 114, Fußbemerkung).

2. **Versuche von Ornum.** Die Biegedruckfestigkeit des Betons in Eisenbetonbalken fand ähnliche Abminderung durch oftmals wiederholte Belastung wie die Prismenfestigkeit (vgl. Abb. 159)[2].

3. **Versuche von Berry.** Geprüft wurden 5 Balken mit rechteckigem Querschnitt unter oftmaliger Belastung und Entlastung (minutlich 30 Lastwechsel). Die rechnungsmäßige Eisenspannung ist zu rund 760 bis 1300 kg/cm² angegeben, diejenige des Betons an der gedrückten Fläche zu rund 45 bis 67 kg/cm². Würfelfestigkeit des Betons zur Zeit des Bruchs der Balken rund 160 bis 190 kg/cm². Zum Vergleich dienten Balken, die in der üblichen Weise geprüft wurden. Dabei fand sich die Höchstlast der Balken durch 1 Million Lastwechsel nicht wesentlich geändert[3].

4. **Versuche von Hatt.** Der Bericht ist nicht so ausführlich, daß die Ergebnisse beurteilt werden können[4].

5. **Versuche von Slater, Smith und Mueller.** Die Versuche sind für die Belange des Eisenbetonschiffbaues durchgeführt worden. Die Versuchskörper waren Balken außerordentlicher Beschaffenheit. Von 5 Balken waren 4 höher beansprucht als zur Zeit üblich; bei ihnen brachen Bewehrungseisen unter Zuganstrengungen von rund 1300 bis rund 1900 kg/cm², zum Teil an Vertiefungen, die für die Meßinstrumente angebracht waren[5].

---

[1] Näheres vgl. u. a. im Handbuch für Eisenbetonbau, 3. Aufl., 1. Bd., S. 359ff. (4. Aufl. im Druck).

[2] Näheres in Transactions of the American Society of Civil Engineers, Bd. 58, S. 302 uf. 1907.

[3] Berry: Proceedings of the American Society for Testing Materials, Bd. 8, S. 454 uf. 1908.

[4] Hatt: Proceedings of the American Society for Testing Materials, Bd. 7, S. 421 uf. 1907; Bulletin 24 der Engineering Experiment Station Lafayette, Purdue University 1925.

[5] Slater, Smith und Mueller: Technologic Paper 182 des Bureau of Standards, Washington 1921.

6. **Probst** hat seit Jahren Versuche im Gang, aus denen Ergebnisse angekündigt sind[1].

7. Versuche von **Faber** mit Eisenbetonbalken bei langdauernder ruhender Belastung. Die Beobachtungen zeigen die Formänderungen durch das Schwinden des Betons sowie durch die Veränderlichkeit der Formänderungen des Betons gemäß J, III, S. 115ff.[2].

L. Aus Dauerversuchen mit Holz.

Bei Beurteilung der Widerstandsfähigkeit der Hölzer ist vor allem zu beachten, daß die Hölzer als Röhrenbündel aufzufassen sind, die sinngemäß weit höheren Widerstand liefern, wenn die Kraft prarallel der Achse des Bündels, d. i. parallel der Stammachse, wirkt, als wenn die Kräfte geneigt oder quer zur Stammachse eintreten. Alle örtlichen Abweichungen des Verlaufs der Röhren, Fasern genannt, durch Äste, durch Störungen im Wachstum usw. sind hiernach von einer mehr oder minder erheblichen Veränderlichkeit der Widerstandsfähigkeit begleitet[3].

I. Druckelastizität von Tannenholz und Eichenholz.

Aus eigenen Versuchen sei folgendes entnommen[4]. Die Probekörper (rund $10 \cdot 10 \cdot 20$ cm) stammen aus alten, lufttrockenen, geradfaserigen und astfreien Holzstücken. Die bearbeiteten Versuchskörper lagerten längere Zeit in trockenen Arbeitsräumen. Alle Körper wurden gleich behandelt.

Geprüft wurden vier Prismen aus Tannenholz und vier Prismen aus Eichenholz, je aus derselben Bohle. Die Versuchseinrichtung ist in Abb. 116 bis 118 wiedergegeben. Je zwei Prismen sind in der üblichen Weise untersucht worden, d. h. für mehrere Laststufen sind die gesamten, bleibenden und federnden Zusammendrückungen bei zweimaliger Belastung und Entlastung (je 1 Minute wirkend) auf jeder Stufe ermittelt worden, dann folgte allmähliche Belastung bis zur Zerstörung des Prismas. Die zwei andern Prismen jeder Holzart wurden derart untersucht, daß zuerst die Elastizität in der soeben bezeichneten Weise für die zwei oder vier untersten Laststufen bestimmt wurde, dann auf höheren Laststufen Belastung und Entlastung je mindestens 10 000 mal wechselten; für die Dauer der Belastung und Entlastung, also für ein Belastungsspiel, war 1 Minute vorgesehen. In diesem Spiel stieg die Last von der Anfangslast,

---

[1] **Probst:** Vorlesungen über Eisenbeton, 2. Aufl., S. 374ff.; 2. Internationale Tagung für Brücken- und Hochbau in Wien, 1928, Referat C 4.

[2] **Faber:** Proceedings of the Institution of Civil Engineers, Bd. 225, Part. 1, S. 27 uf. 1928.

[3] Vgl. u. a. **Baumann-Lang,** Das Holz als Baustoff.

[4] Näheres in Bautechnik 1928, S. 438ff.

die rund 10 kg/cm² betrug, bis zur oberen Grenze der Laststufen in rund
20 Sek.; die Belastung wirkte 15 Sek., dann folgte die Entlastung während
etwa 20 Sek. und nach rund 5 Sek. wieder die Belastung. Nach etwa
10000 Lastwechseln ist die Elastizität der Versuchskörper in gleicher
Weise wie bei der ersten Versuchsgruppe festgestellt worden. Hierauf
wurde die Last gesteigert und die Wechselbelastung (rund 10000 Wiederholungen) für die größere Stufe durchgeführt usw., bis schließlich die
Zerstörung des Prismas eintrat.

a) Tannenholz.

Zusammenstellung 12 enthält die Ergebnisse der Versuche mit den
zwei Prismen, die auf jeder Stufe zweimal belastet und entlastet worden
sind. Die Dehnungszahl der Federung fand sich beim Prisma 2b wenig
veränderlich, nämlich zu 1/115000 bis 1/104900. Beim Prisma 2f stieg
die Dehnungszahl der Federung von 1/101500 auf 1/83800 mit Erhöhung
der Anstrengung von 86 auf 314 kg/cm². Die bleibenden Zusammendrückungen blieben in der Regel unerheblich. Die Druckfestigkeit betrug
390 und 346 kg/cm², im Mittel 368 kg/cm².

Zusammenstellung 12. Versuche mit Tannenholz.

Belastungsstufe kg/cm²	Zusammendrückung [1] in 1/100 cm auf $l = 10$ cm			Dehnungszahl der Federung
	gesamte	bleibende	federnde	
1	2	3	4	5

a) Tannenholzprisma „2b". $f = 99{,}26$ cm², $h = 20{,}69$ cm, $r = 0{,}46$.

Belastungsstufe kg/cm²	gesamte	bleibende	federnde	Dehnungszahl der Federung
10 bis 86	0,76	0,04	0,72	1 : 104900
10 „ 161	1,38	0,03	1,35	1 : 111900
10 „ 119	1,73	0,06	1,67	1 : 113100
10 „ 237	2,04	0,05	1,99	1 : 113900
10 „ 274	2,37	0,07	2,30	1 : 115000
10 „ 312	2,77	0,09	2,68	1 : 112800

Zerstörung unter $K = 390$ kg/cm².

b) Tannenholzprisma „2f". $f = 98{,}63$ cm², $h = 20{,}10$ cm, $r = 0{,}46$.

Belastungsstufe kg/cm²	gesamte	bleibende	federnde	Dehnungszahl der Federung
10 bis 86	0,76	0,01	0,75	1 : 101500
10 „ 162	1,57	0,02	1,59	1 : 95700
10 „ 200	1,97	0,03	2,00	1 : 95000
10 „ 238	2,41	0,01	2,42	1 : 94300
10 „ 276	2,94	0,08	2,86	1 : 93100
10 „ 314	3,93	0,30	3,63	1 : 83800

Zerstörung unter $K = 346$ kg/cm².

Die wichtigsten Ergebnisse der Prismen, die auf jeder Stufe mindestens
10000 Lastwechsel ertrugen, sind in die Zusammenstellungen 13 und 14

---

[1] In der Regel nach zweimaliger Belastung auf jeder Stufe.

Zusammenstellung 13. Tannenholzprisma „2c". $f = 100{,}4$ cm², $h = 20{,}5$ cm, $r = 0{,}46$.

Belastungs- stufe kg/cm²	bei Beginn des Versuchs	Dehnungszahl der Federung			
		nach 13 480	nach 10 240	nach 10 105	nach 10 437
		Belastungswechseln zwischen			
		10 u. 159 kg/cm²	10 u. 197 kg/cm²	10 u. 234 kg/cm²	10 u. 271 kg/cm²
1	2	3	4	5	6
10 bis 85	1 : 97 000	1 : 102 300	1 : 106 700	1 : 103 700	1 : 108 300
10 „ 159	1 : 97 600	1 : 102 300	1 : 102 300	1 : 101 600	1 : 100 900
10 „ 197	—	1 : 103 100	1 : 102 000	1 : 102 000	1 : 100 400
10 „ 234	—	—	1 : 101 400	1 : 102 300	1 : 100 500
10 „ 271	—	—	—	1 : 100 500	1 : 98 600
10 „ 309	—	—	—	—	1 : 88 100[1]

Zusammenstellung 14. Tannenholzprisma „2d". $f = 100{,}2$ cm², $h = 20{,}3$ cm, $r = 0{,}46$.

Belastungs- stufe kg/cm²	bei Beginn des Versuchs	Dehnungszahl der Federung			
		nach 13 484	nach 10 244	nach 10 110	nach 10 440
		Belastungswechseln zwischen			
		10 u. 160 kg/cm²	10 u. 197 kg/cm²	10 u. 235 kg/cm²	10 u. 272 kg/cm²
1	2	3	4	5	6
10 bis 85	1 : 92 300	1 : 92 300	1 : 93 500	1 : 94 700	1 : 94 700
10 „ 160	1 : 94 700	1 : 92 400	1 : 94 700	1 : 94 200	1 : 91 300
10 „ 197	—	1 : 91 700	1 : 94 000	1 : 95 000	1 : 89 500
10 „ 235	—	—	1 : 92 400	1 : 93 500	1 : 89 100
10 „ 272	—	—	—	1 : 91 300	1 : 87 600
10 „ 309	—	—	—	—	1 : 81 600[2]

eingetragen. In der Stufe von 10 bis 85 kg/cm², das ist im Bereich der zulässigen Anstrengungen, ist die Dehnungszahl der Federung nach oftmaligem Lastwechsel im allgemeinen etwas kleiner ausgefallen als bei Beginn des Versuchs,

beim Prisma 2c zu 1/108 300 nach 44 262 Lastwechseln gegen 1/97 000 anfänglich,

beim Prisma 2d zu 1/94 700 nach 44 278 Lastwechseln gegen 1/92 300 anfänglich.

In den beiden folgenden Stufen (10 bis rund 160 und 10 bis 197 kg/cm²) blieb die Dehnungszahl nahezu gleich, nahm meist zunächst ein wenig ab, später wieder etwas zu. So war es auch bei der nächsten Stufe

---

[1] Zerstörung nach weiteren 288 Belastungen von 10 bis 309 kg/cm².
[2] Zerstörung nach 178 Belastungen von 10 bis 309 kg/cm².

(10 bis 235 kg/cm²). Unter hohen Lasten ist die Dehnungszahl durch oftmalige Wiederholung in den gewählten Grenzen nur größer geworden.

Im ganzen liegen die Dehnungszahlen, die an den Prismen 2c und 2d ermittelt worden sind, im Bereich der Zahlen, die sich bei den Prismen 2b und 2f ergeben hatten. Der Einfluß oftmalig wiederholter Last auf die Dehnungszahl der Federung erscheint also für das untersuchte Gebiet und das gewählte alte, lufttrockene Tannenholz nicht wesentlich.

Zusammenstellung 15. Eichenholzprisma „1d". $f = 100{,}4$ cm², $h = 20{,}0$ cm, $r = 0{,}74$.

Belastungs-stufe kg/cm²	bei Beginn des Versuchs	nach 11278	nach 11011	nach 11192	nach 11032	nach 10878
		Belastungswechseln zwischen				
		10 u. 234 kg/cm²	10 u. 271 kg/cm²	10 u. 309 kg/cm²	10 u. 346 kg/cm²	10 u. 383 kg/cm²
1	2	3	4	5	6	7
10 bis 85	1 : 177900	1 : 182200	1 : 182200	1 : 177900	1 : 173700	1 : 177900
10 „ 159	1 : 171700	1 : 173700	1 : 175800	1 : 169800	1 : 169800	1 : 167900
10 „ 197	1 : 169700	1 : 172900	1 : 176100	1 : 172900	1 : 166700	1 : 166700
10 „ 234	1 : 168500	1 : 167200	1 : 169800	1 : 169800	1 : 163600	1 : 166000
10 „ 271	—	1 : 165400	1 : 169700	1 : 169700	1 : 164400	1 : 163400
10 „ 309	—	—	1 : 169800	1 : 170700	1 : 163300	1 : 163300
10 „ 346	—	—	—	1 : 168900	1 : 162400	1 : 165600
10 „ 383	—	—	—	—	1 : 161700	1 : 163800
10 „ 421	—	—	—	—	—	1 : 163000[1]

Zusammenstellung 16. Eichenholzprisma „1g". $f = 99{,}6$ cm², $h = 20{,}2$ cm, $r = 0{,}73$.

Belastungs-stufe kg/cm²	bei Beginn des Versuchs	nach 11278	nach 11011	nash 11192	nach 11032	nach 10878
		Belastungswechseln zwischen				
		10 u. 236 kg/cm²	10 u. 274 kg/cm²	10 u. 311 kg/cm²	10 u. 349 kg/cm²	10 u. 386 kg/cm²
1	2	3	4	5	6	7
10 bis 85	1 : 117700	1 : 134500	1 : 139400	1 : 142100	1 : 136900	1 : 144800
10 „ 161	1 : 134500	1 : 135700	1 : 144800	1 : 144800	1 : 146200	1 : 147600
10 „ 198	1 : 137400	1 : 140500	1 : 146000	1 : 146000	1 : 144800	1 : 148300
10 „ 236	1 : 140300	1 : 142100	1 : 147600	1 : 147600	1 : 144800	1 : 147600
10 „ 274	—	1 : 144000	1 : 147300	1 : 147300	1 : 145600	1 : 148900
10 „ 311	—	—	1 : 148400	1 : 149900	1 : 147600	1 : 149100
10 „ 349	—	—	—	1 : 151300	1 : 146100	1 : 148600
10 „ 386	—	—	—	—	1 : 148200	1 : 147600
10 „ 424	—	—	—	—	—	1 : 148500[2]

[1] Zerstörung nach weiteren 2556 Belastungen von 10 bis 421 kg/cm².
[2] Zerstörung nach weiteren 6319 Belastungen von 10 bis 424 kg/cm².

b) Eichenholz.

Für die zwei Prismen, die auf jeder Stufe nur zweimal belastet und entlastet worden sind, fanden sich die Dehnungszahlen der Federung zwischen 1/124 500 und 1/155 600. Die Druckfestigkeit betrug 509 und 534/kg/cm², im Mittel 521 kg/cm². Die wichtigsten Ergebnisse der Dauerversuche sind in den Zusammenstellungen 15 und 16 wiedergegeben.

Das Eichenholzprisma 1d verhielt sich ähnlich wie die Tannenholzprismen 2c und 2d. Das Eichenholzprisma 1g war anfänglich unter zulässigen Lasten nachgiebiger als unter höheren Lasten. Dieser Unterschied wurde durch oftmalige Belastung und Entlastung gemäß Zusammenstellung 16 nahezu aufgehoben, wobei die Dehnungszahl in den unteren Stufen kleiner wurde. Die Ergebnisse unter a) und b) stehen im Einklang mit Beobachtungen bei Vibrationsversuchen in Madison[1].

II. Druckfestigkeit von Tannenholz und Eichenholz bei oftmaliger Belastung und Entlastung.

Das unter I bezeichnete, gemäß Zusammenstellung 12 bis 16 geprüfte Holz lieferte folgendes.

Probe	Druckfestigkeit beim gewöhnlichen Versuch[2] kg/cm²	Druckfestigkeit bei Prüfung unter oftmaligem Lastwechsel[2] kg/cm²
Tannenholz	368	309 (nach 288 bzw. 178 Belastungen von 10 bis 309 kg/cm²)[3]
Eichenholz	521	422 (nach 2556 bzw. 6319 Belastungen von 10 bis 422 kg/cm²)[4]

Durch die in den Zusammenstellungen angegebenen Lastwechsel ist die Druckfestigkeit der Hölzer auf das $\frac{309}{368} = 0{,}84$fache bzw. das $\frac{422}{521} = 0{,}81$fache der in üblicher Weise ermittelten Druckfestigkeit erniedrigt worden. Über die Erscheinungen bei der Zerstörung der Proben geben die Beispiele in Abb. 160 Auskunft.

---

[1] Vgl. Moore und Kommers, The Fatigue of Metals, 1927. S. 245 ff.

[2] Mittel aus je 2 Versuchen.

[3] Vorausgegangen sind rd. 10440 Belastungen von 10 bis 271 bzw. 272 kg/cm².

[4] Vorausgegangen sind 10878 Belastungen von 10 bis 383 bzw. 386 kg/cm².

III. Biegeversuche mit Tannenholz bei lang wirkender ruhender Last[1].

1,7 m lange Stäbe mit quadratischem Querschnitt von 4 cm Kantenlänge wurden gemäß Abb. 161 belastet. Die Last P hing an den Walzen w. Gemessen wurde die Einsenkung f bis zum Bruch, bzw. bis der Versuch als beendet angesehen wurde, wenn der Bruch nach langer Zeit noch nicht stattgefunden hatte.

a) Veränderlichkeit der Einsenkungen der Holzstäbe bei ruhender Belastung nach Abb. 161.

Abb. 162 enthält die Ergebnisse von 3 Stäben. Stab 7 brach nach 4 Tagen, Stab III nach 34 Tagen; Stab 111 war nach 282 Tagen noch nicht gebrochen[2]. Beim Stab 7 sind die Einsenkungen fortdauernd gewachsen; immerhin zeigt die Einsenkungslinie am

Abb. 160. Holzprismen nach oftmaliger Druckbelastung.

---

[1] Versuche des Verfassers, durchgeführt mit Mitteln der Freunde der Technischen Hochschule Stuttgart.

[2] Dabei betrug die Verhältniszahl Dauerbiegefestigkeit K_{bd} zur Biegefestigkeit K_b:

    beim Stab 7   0,74
      „   „   III   0,69
und   „   „   111   0,40.

Die Dauerbelastung des Stabs 111 ist nach 282 Tagen weggenommen worden. $K_{bd} = 0,40\,K_b$ führte also beim Stab 111 noch nicht zum Bruch.

1. und 2. Tag ausgeprägte Verzögerungen in der Zunahme der Einsenkungen; später sind Beschleunigungen aufgetreten. Beim Stab III sind die Einsenkungen zwar fortdauernd gewachsen, jedoch innerhalb der ersten 20 Tage mit Verzögerung. Beim Stab 111 waren im 2. bis 4. Monat nur unerhebliche Änderungen der Einsenkung zu messen, auch im 6. bis 9. Monat blieben die Änderungen gering.

Ähnliche Ergebnisse liegen von etwa 50 Stäben vor. Soweit eine Beurteilung möglich erscheint, wächst die Einsenkung anfänglich stets, meist erheblich; sie kommt jedoch nach einiger Zeit zum Stillstand, sofern die Beanspruchung unter der Dauerfestigkeit liegt.

b) Biegefestigkeit von Tannenholzstäben bei lang wirkender ruhender Last.

Das geprüfte Holz stammt zu einem Teil aus alten Stützen der Rheinbrücke bei Säckingen[1], zum Teil aus geschnittenem Bauholz

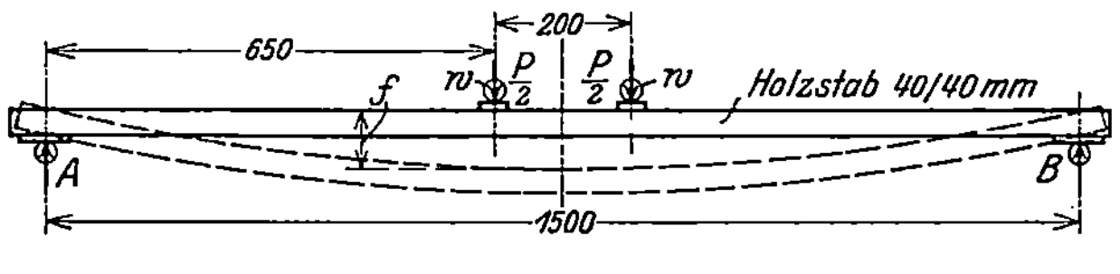

Abb. 161.

aus einem Stuttgarter Lager. Vor dem Versuch lagerten die Proben längere Zeit in einem trockenen Raum.

Die Biegefestigkeit von Stäben, die bei Beginn der Versuche zur Orientierung über die Widerstandsfähigkeit der Hölzer in üblicher Weise geprüft wurden, betrug bei der Prüfung nach Abb. 161

beim Tannenholz der Säckinger Brücke im Mittel aus 12 Versuchen

$$K_b = 640 \text{ kg/cm}^2,$$

beim Tannenholz vom Stuttgarter Lager im Mittel aus 2 Versuchen

$$K_b = 494 \text{ kg/cm}^2.$$

Nach diesen Feststellungen wurde die Belastung der Stäbe, welche nur lang wirkende Lasten tragen sollten, zu etwa 0,4 bis 0,9 K_b gewählt. Nach dem Dauerversuch ist der Rest des Stabs in üblicher Weise auf Biegung (Auflagerentfernung 50 bis 70 cm) geprüft worden. Die so ermittelte Biegefestigkeit K_b war mit der beim lang dauernden Versuch festgestellten Biegefestigkeit K_{bd} zu vergleichen.

Abb. 163 enthält die bis jetzt vorliegenden Verhältniszahlen $K_{bd}:K_b$ in Beziehung zur Dauer der Belastung. Die gestrichelte Kurve gibt ein Bild der Veränderlichkeit der Biegefestigkeit mit der Dauer der Belastung.

---

[1] Dieses Holz hat die Firma Karl Kübler A.-G. zur Verfügung gestellt.

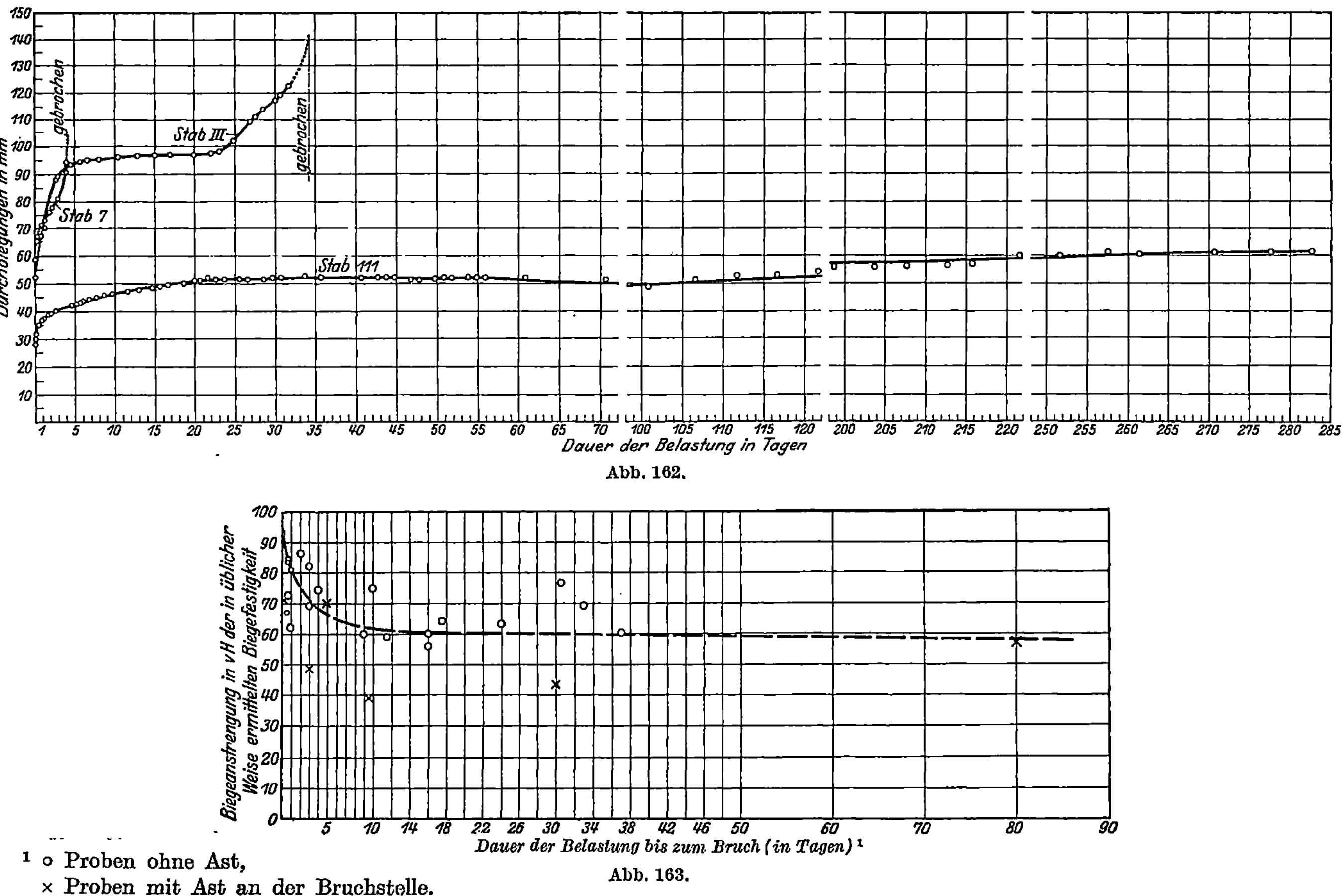

1 o Proben ohne Ast,
  × Proben mit Ast an der Bruchstelle.

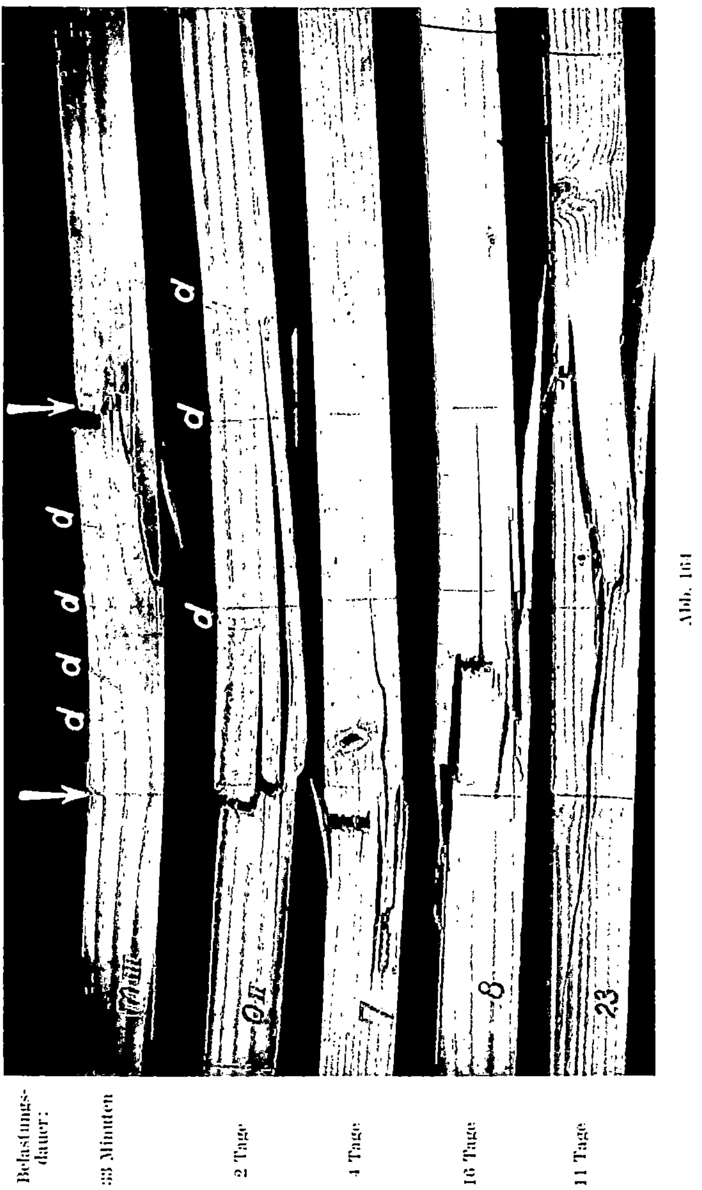

Diese Versuche besagen, daß die Biegefestigkeit bei lang dauernder Last (K_{bd}) — Unveränderlichkeit des Feuchtigkeitszustands und der Festigkeit an sich vorausgesetzt — nicht größer als $^5/_{10}$ der in gewöhnlicher Weise ermittelten Biegefestigkeit K_b erwartet werden darf, sofern besonderer Nachweis nicht vorliegt.

Abb. 164 zeigt 5 Stäbe im Zustand nach dem Versuch; in der Druckzone waren bei d,d örtliche Verformungen zu beobachten. In der Zugzone erfolgte allmähliches Zerreißen, dann Durchbrechen des Stabs unter dem Einfluß der angehängten Last.

IV. Schwingungsfestigkeit verschiedener Hölzer.

Versuche im National Physical Laboratory in Teddington[1] mit umlaufenden, auf Biegung beanspruchten Stäben (Abmessungen und Umlaufzahl nicht angegeben) lieferten die Schwingungsfestigkeit D_s größer als 112 und kleiner als 138 kg/cm². Die Zugfestigkeit ist zu $K_z = 470$ kg/cm² angegeben. Hiernach fand sich $D_s : K_z$ zu mindestens 0,24.

Versuche in Madison[2] ergaben für Rundstäbe mit 16 mm Durchmesser, umlaufend auf Biegung beansprucht, bei minutlich 2880 Umläufen:

Festigkeit	für Sitka spruce (künstlich getrocknet 13,8 Proz. Feuchtigkeit)	Southern white oak (frisch gesägt)	Douglas fir (künstlich getrocknet 14,3 Proz. Feuchtigkeit)	Douglas fir (23,8 Proz. Feuchtigkeit)
Biegefestigkeit K_b	850	745	1050	900 kg/cm²
Schwingungsfestigkeit D_s.	225	225	280	275 ,,
$D_s : K_b$	0,27	0,30	0,27	0,31

Dabei war besonders zu bemerken, daß die Widerstandsfähigkeit der Hölzer mit der Zahl der ertragenen Lastwechsel rascher zurückzugehen scheint als bei den Metallen, d. h. die Linien nach Art der Abb. 11 fallen anfänglich steiler.

M. Aus Dauerversuchen mit Glas.

Grenet[3] fand für Spiegelglasstäbe mit dem Querschnitt 3 · 25 mm bei 100 mm Auflagerentfernung, Belastung in der Mitte, je im Mittel aus einer größeren Versuchszahl, die in nebenstehender Tabelle eingetragenen Werte.

Mit annähernd kreiszylindrischen Stäben wurde das in der unteren Tabelle Angegebene ermittelt.

Diese und andere Versuche von Grenet zeigten, daß die Widerstandsfähigkeit von

Versuchsdauer	Biegefestigkeit in kg/cm³
1 Sekunde	7,2
40 Minuten	4,7
2 Stunden	4,2
40 ,,	3,3

Versuchsdauer	Biegefestigkeit in kg/cm³
20 Minuten	7,5
1 Stunde	6,5
10 Stunden	4,0

---

[1] National Physical Laboratory: Report for the year 1915/16, S. 58ff.
[2] Nach Moore und Kommers: The Fatigue of Metals 1927, S. 247 bis 249.
[3] Nach Le Chatelier: Kieselsäure und Silikate 1920, S. 247ff.

Glas bei lange Zeit wirkender Belastung weit kleiner ist als bei kurzer Belastungsdauer.

Neuere eigene Versuche[1] bestätigten bis jetzt zwar die Feststellung, daß die Biegefestigkeit nach langer Versuchsdauer bedeutend kleiner ist als nach kurzer; sie geben jedoch außerdem an, daß der Festigkeitsabfall schon in einer Minute, jedenfalls in wenigen Minuten, so weit erfolgt, daß bei längerer Versuchsdauer der weitere Festigkeitsrückgang praktisch unerheblich erscheint. Die Versuche sind noch im Gang.

Der Umstand, daß die Versuchsdauer den Widerstand des Glases erheblich beeinflußt, erscheint zunächst in einem Gegensatz zu der S. 29 f. wiedergegebenen Auffassung, daß die Dauerfestigkeit an der

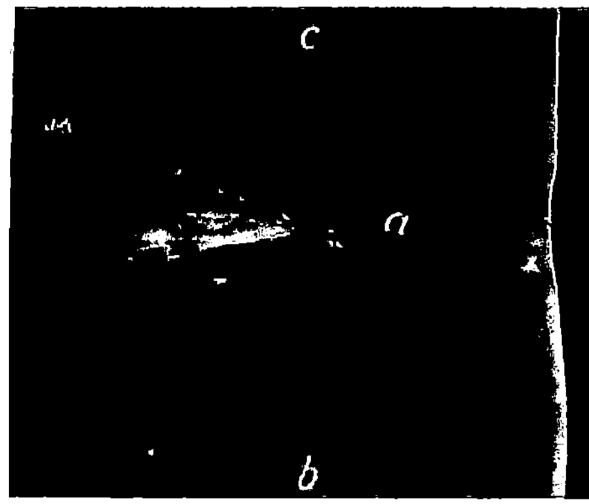

Abb. 165. Glasprisma mit Querschnitt nach Abb. 166 durch Biegungsbelastung gebrochen.

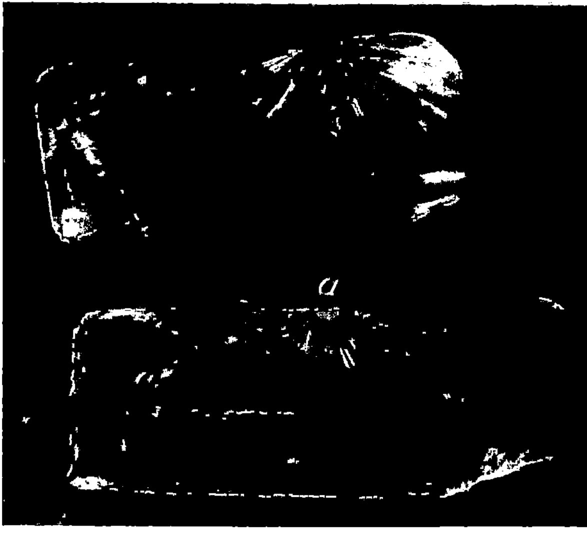

Bruchstück, das zwischen den Bruchflächen der Stücke *b* und *c* in Abb. 165 ausfiel.

Bruchfläche des Stücks *c* in Abb. 165.

Abb. 166.

natürlichen Elastizitätsgrenze des Materials liege, weil bis jetzt für Glas bis zum Bruch in der Regel bleibende Formänderungen nicht festzustellen

---

[1] Durchgeführt mit Unterstützung der Deutschen Glastechnischen Gesellschaft.

waren[1]. Gehlhoff hat aufmerksam gemacht, daß Glas ebenso wie Kristalle Lockerstellen aufweist, in die man u. a. Gase und Wässer einführen kann. Solche Fehlstellen würden bei kurzer Belastungsdauer von geringerer Bedeutung sein als bei langer.

Inwieweit diese Auffassungen mit Erscheinungen in den Bruchquerschnitten der Gläser in Einklang zu bringen sind, wonach der Bruch bei gewöhnlicher, also rasch steigender Belastung von einzelnen, ausgeprägten Stellen ausgeht (vgl. Abb. 165 und 166[2]), bedarf noch besonderer Untersuchung.

---

[1] Vgl. Le Chatelier, Kieselsäure und Silikate 1920, S. 247ff.; Graf, Glastechnische Berichte, III. Bd., S. 156 u. 157. 1925; Welter, Z. V. d. I. 1926, S. 772ff. — Kirner hat bei Druckversuchen bleibende Verformungen gemessen, vgl. H. 88 der Mitt. Forsch.-Arb. 1910, S. 28.

[2] Vgl. Graf, Glastechnische Berichte, III. Bd., S. 171. 1925/26; IV. Bd., S. 437. 1926/27; sowie Gehlhoff und Thomas: Z. techn. Physik, Bd. 7, S. 109. 1926.

Handbuch des Materialprüfungswesens für Maschinen- und Bauingenieure. Von Professor Dipl.-Ing. **Otto Wawrziniok,** Dresden. Zweite, vermehrte und vollständig umgearbeitete Auflage. Mit 641 Textabbildungen. XX, 700 Seiten. 1923. Gebunden RM 24.—

Materialprüfung mit Röntgenstrahlen unter besonderer Berücksichtigung der Röntgenmetallographie. Von Professor Dr. **Richard Glocker,** Stuttgart. Mit 256 Textabbildungen. VI, 377 Seiten. 1927. Gebunden RM 31.50

Moderne Metallkunde in Theorie und Praxis. Von Obering. **J. Czochralski.** Mit 298 Textabbildungen. XIII, 292 Seiten. 1924. Gebunden RM 12.—

Lagermetalle und ihre technologische Bewertung. Ein Hand- und Hilfsbuch für den Betriebs-, Konstruktions- und Materialprüfungsingenieur von Obering. **J. Czochralski** und Dr.-Ing. **G. Welter.** Zweite, verbesserte Auflage. Mit 135 Textabbildungen. VI, 117 Seiten. 1924. Gebunden RM 4.50

Rostfreie Stähle. Berechtigte deutsche Bearbeitung der Schrift "Stainless Iron and Steel" von **J. H. G. Monypenny** in Sheffield. Von Dr.-Ing. **Rudolf Schäfer.** Mit 122 Textabbildungen. VIII, 342 Seiten. 1928. Gebunden RM 27.—

Die Edelstähle. Ihre metallurgischen Grundlagen. Von Dr.-Ing. **F. Rapatz.** Mit 93 Abbildungen. VI, 219 Seiten. 1925. Gebunden RM 12.—

Brearley-Schäfer, Die Einsatzhärtung von Eisen und Stahl. Berechtigte deutsche Bearbeitung der Schrift "The Case Hardening of Steel" von **Harry Brearley,** Sheffield. Von Dr.-Ing. **Rudolf Schäfer.** Mit 124 Textabbildungen. VIII, 250 Seiten. 1926. Gebunden RM 19.50

Die Konstruktionsstähle und ihre Wärmebehandlung. Von Dr.-Ing. **Rudolf Schäfer.** Mit 205 Textabbildungen und einer Tafel. VIII, 370 Seiten. 1923. Gebunden RM 15.—

Die Werkzeugstähle und ihre Wärmebehandlung. Berechtigte deutsche Bearbeitung der Schrift "The Heat Treatment of Tool Steel" von **Harry Brearley,** Sheffield. Von Dr.-Ing. **Rudolf Schäfer.** Dritte, verbesserte Auflage. Mit 226 Textabbildungen. X, 324 Seiten. 1922. Gebunden RM 12.—

Probenahme und Analyse von Eisen und Stahl. Hand- und Hilfsbuch für Eisenhütten-Laboratorien. Von Professor Dipl.-Ing. **O. Bauer** und Professor Dipl.-Ing. **E. Deiß.** Zweite, vermehrte und verbesserte Auflage. Mit 176 Abbildungen und 140 Tabellen im Text. VIII, 304 Seiten. 1922. Gebunden RM 12.—

Mechanische Technologie für Maschinentechniker. (Spanlose Formung.) Von Dr.-Ing. **Willy Pockrandt,** z. Zt. komm. Oberstudiendirektor bei der Staatlichen Maschinenbau- und Hüttenschule, Gleiwitz. Mit 263 Textabbildungen. VII, 292 Seiten. 1929.   RM 13.—; gebunden RM 14.50

E. Preuß, Die praktische Nutzanwendung der Prüfung des Eisens durch Ätzverfahren und mit Hilfe des Mikroskopes. Für Ingenieure, insbesondere Betriebsbeamte. Bearbeitet von Dr. **G. Berndt,** Professor an der Technischen Hochschule zu Dresden, und Dr.-Ing. **M. v. Schwarz,** Professor, Privatdozent an der Technischen Hochschule zu München. Dritte, vermehrte und verbesserte Auflage. Mit 204 Figuren im Text und auf einer Tafel. VIII, 198 Seiten. 1927.   RM 7.80; gebunden RM 9.20

Härten und Vergüten. Von Dr.-Ing. **Eugen Simon.**

Erster Teil: **Stahl und sein Verhalten.** Zweite, verbesserte Auflage. Mit 63 Figuren und 6 Zahlentafeln. 64 Seiten. 1923. Unveränderter Neudruck 1928.

Zweiter Teil: **Die Praxis der Warmbehandlung.** Zweite, verbesserte Auflage. Mit 105 Figuren und 11 Zahlentafeln. 64 Seiten. 1923. Unveränderter Neudruck 1928.
(Werkstattbücher, Heft 7 und 8.)   Jedes Heft RM 2.—

Stahl- und Temperguß. Ihre Herstellung, Zusammensetzung, Eigenschaften und Verwendung. Von Prof. Dr. techn. **Erdmann Kothny.** (Werkstattbücher, Heft 24.) Mit 55 Figuren im Text und 23 Tabellen. 68 Seiten. 1926.
RM 2.—

Der Zement. Herstellung, Eigenschaften und Verwendung. Von Dr. **Richard Grün,** Direktor am Forschungsinstitut der Hüttenzementindustrie in Düsseldorf. Mit 90 Textabbildungen und 35 Tabellen. IX, 173 Seiten. 1927.
Gebunden RM 15.—

Der Beton. Herstellung, Gefüge und Widerstandsfähigkeit gegen physikalische und chemische Einwirkungen. Von Dr. **Richard Grün,** Direktor am Forschungsinstitut der Hüttenzementindustrie in Düsseldorf. Mit 54 Textabbildungen und 35 Tabellen. X, 186 Seiten. 1926.
RM 13.20; gebunden RM 15.—

Der Aufbau des Mörtels und des Betons. Untersuchungen über die zweckmäßige Zusammensetzung des Betons und des Zementmörtels im Beton. Hilfsmittel zur Vorausbestimmung der Festigkeitseigenschaften des Betons auf der Baustelle. Versuchsergebnisse und Erfahrungen aus der Materialprüfungsanstalt an der Technischen Hochschule Stuttgart. Von Prof. **Otto Graf.** Dritte Auflage.   In Vorbereitung.

Vorlesungen über Eisenbeton. Von Prof. Dr.-Ing. **E. Probst,** Karlsruhe.

Erster Band: Allgemeine Grundlagen — Theorie und Versuchsforschung — Grundlagen für die statische Berechnung — Statisch unbestimmte Träger im Lichte der Versuche. Zweite, umgearbeitete Auflage. Mit 70 Textabbildungen. XI, 620 Seiten. 1923.   Gebunden RM 24.—

Zweiter Band: Anwendung der Theorie auf Beispiele im Hochbau, Brückenbau und Wasserbau — Grundlagen für die Berechnung und das Entwerfen von Eisenbetonbauten — Allgemeines über Vorbereitung und Verarbeitung von Eisenbeton — Richtlinien für Kostenermittlungen — Architektur im Eisenbeton — Amtliche Vorschriften. Mit 71 Textfiguren. VIII, 642 Seiten. 1922.   Gebunden RM 20.—

Die Formstoffe der Eisen- und Stahlgießerei. Ihr Wesen, ihre Prüfung und Aufbereitung. Von **Carl Irresberger.** Mit 241 Textabbildungen. V, 245 Seiten. 1920. RM 10.—

Über die Festigkeit elektrisch geschweißter Hohlkörper. Versuche, veranstaltet vom Schweizerischen Verein von Dampfkessel-Besitzern. Berichterstatter: Oberingenieur **E. Höhn.** 130 Seiten. 1923. RM 4.50

Eisen im Hochbau. Ein Taschenbuch mit Abbildungen, Zusammenstellungen, Tragfähigkeitstafeln, amtlichen und sonstigen technischen Vorschriften, Berechnungen und Angaben über die Verwendung von Eisen im Hochbau. Begründet vom **Stahlwerks - Verband A.-G.,** Düsseldorf. Siebente, völlig neubearbeitete und wesentlich erweiterte Auflage. Herausgegeben vom **Verein deutscher Eisenhüttenleute,** Düsseldorf. XX, 762 Seiten. 1928. Gebunden RM 12.—

(Im gemeinsamen Verlag Stahleisen m. b. H., Düsseldorf, und Springer, Berlin.)

Die Tragfähigkeit statisch unbestimmter Tragwerke aus Stahl bei beliebig häufig wiederholter Belastung. Von Professor **Martin Grüning,** Hannover. Mit 6 Textabbildungen. IV, 30 Seiten. 1926. RM 3.30

Die Knickfestigkeit. Von Privatdozent Dr.-Ing. **Rudolf Mayer,** Karlsruhe. Mit 280 Textabbildungen und 87 Tabellen. VIII, 502 Seiten. 1921. RM 20.—

Untersuchungen über den Einfluß häufig wiederholter Druckbeanspruchungen auf Druckelastizität und Druckfestigkeit von Beton. Von Dr.-Ing. **Alfred Mehmel.** Mit 30 Textabbildungen. IV, 74 Seiten. 1926. RM 6.60

Die Arbeitsfestigkeit der Eisenbetonbalken. Von Ingenieur **Wilhelm Thiel.** Mit 4 Abbildungen im Text. IV, 53 Seiten. 1924. RM 2.25

Kreisplatten auf elastischer Unterlage. Theorie zentralsymmetrisch belasteter Kreisplatten und Kreisringplatten auf elastisch nachgiebiger Unterlage. Mit Anwendungen der Theorie auf die Berechnung von Kreisplattenfundamenten und die Einspannung in elastische Medien. Von Privatdozent Dr.-Ing. **Ferdinand Schleicher,** Karlsruhe. Mit 52 Textabbildungen. X, 148 Seiten. 1926. RM 13.50; gebunden RM 15.—

Die elastischen Platten. Die Grundlagen und Verfahren zur Berechnung ihrer Formänderungen und Spannungen, sowie die Anwendungen der Theorie der ebenen zweidimensionalen elastischen Systeme auf praktische Aufgaben. Von Professor Dr.-Ing. **A. Nádai,** Göttingen. Mit 187 Abbildungen im Text und 8 Zahlentafeln. VIII, 326 Seiten. 1925. Gebunden RM 24.—

Der bildsame Zustand der Werkstoffe. Von Professor Dr.-Ing. **A. Nádai,** Göttingen. Mit 298 Textabbildungen. VIII, 171 Seiten. 1927. RM 15.—; gebunden 16.50

Mahlke-Troschel, Handbuch der Holzkonservierung. Unter Mitwirkung von zahlreichen Fachleuten herausgegeben von Privatdozent Oberbaurat **Friedrich Mahlke,** Berlin. Zweite, völlig neubearbeitete Auflage. Mit 191 Abbildungen im Text. VII, 434 Seiten. 1928. Gebunden RM 29.—

Die trockene Destillation des Holzes. Von **H. M. Bunbury,** London. Übersetzt von Ing.-Chem. W. Elsner, Magdeburg. Mit 108 Textabbildungen und 115 Tabellen. XII, 339 Seiten. 1925. Gebunden RM 24.—

Der Holzbau. Grundlagen der Berechnung und Ausbildung von Holzkonstruktionen des Hoch- und Ingenieurbaues. Von Dr.-Ing. **Theodor Gesteschi,** Beratender Ingenieur, Berlin. (Handbibliothek für Bauingenieure, IV. Teil, 2. Band.) Mit 533 Textabbildungen. X, 421 Seiten. 1926. Gebunden RM 45.—

Das Holz als Baustoff. Aufbau, Wachstum, Behandlung und Verwendung für Bauteile. Zweite, vollständig umgearbeitete Auflage des gleichnamigen Werkes von **Gustav. Lang,** unter Mitarbeit von Professor Otto Graf, Oberforstrat Dr. **Harsch,** Dr. **Fritz Himmelsbach-Noël** herausgegeben von Dr.-Ing. e. h. **Richard Baumann,** Professor, Vorstand der Materialprüfungsanstalt an der Technischen Hochschule Stuttgart. Mit 177 Textabbildungen. VIII, 170 Seiten. 1927. RM 16.50; gebunden RM 18.—
(C. W. Kreidel's Verlag/München)

Festigkeitslehre. Von Professor **S. Timoshenko** und Masch.-Ing. **J. M. Lessells.** Ins Deutsche übertragen von Dr. J. Malkin, Ingenieur. Mit 391 Abbildungen im Text XVIII, 484 Seiten. 1928. Gebunden RM 28.—

Festigkeitslehre. Von **George Fillmore Swain,** Professor an der Harvard Universität, New York. Autorisierte Übersetzung von Dr.-Ing. Alfred Mehmel, Hannover. Mit 463 Textabbildungen. XVIII, 630 Seiten. 1928. Gebunden RM 34.—

Festigkeitslehre für Ingenieure. Von Studienrat Dipl.-Ing. **H. Winkel** †. Nach dem Tode des Verfassers bearbeitet und ergänzt von Dr.-Ing. **K. Lachmann.** Mit 363 Textabbildungen. VII, 494 Seiten. 1927. Gebunden RM 26.—

Festigkeit und Formänderung. Von Dipl.-Ing. **H. Winkel** †. (Werkstattbücher, Heft 20.) Mit 67 Textfiguren. 68 Seiten. 1925. RM 2.—

Elastizität und Festigkeit. Die für die Technik wichtigsten Sätze und deren erfahrungsmäßige Grundlage. Von Professor Dr.-Ing. **C. Bach** und Professor **R. Baumann,** Stuttgart. Neunte, vermehrte Auflage. Mit in den Text gedruckten Abbildungen, 2 Buchdrucktafeln und 25 Tafeln in Lichtdruck. XXVIII, 687 Seiten. 1924. Gebunden RM 24.—

Festigkeitseigenschaften und Gefügebilder der Konstruktionsmaterialien. Von Professor Dr.-Ing. **C. Bach** und Professor **R. Baumann,** Stuttgart. Zweite, stark vermehrte Auflage. Mit 936 Figuren. IV, 190 Seiten. 1921. Gebunden RM 18.—